もくじ

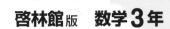

啓林館版　数学3年

JN096366

テストの範囲や学習予定日をかこう！

学習計画	
出題範囲	学習予定日
5/14	5/10
テストの日	5/11

この本のページ

学習計画	
出題範囲	学習予定日

✍ **解答と解説**　　　　　　別冊

✍ **ふろく**　テストに出る！ **5分間攻略ブック**　　　　　　別冊

1章 式の展開と因数分解

1節 式の展開と因数分解

テストに出る！ 教科書の ココ が 要点

📖 **さらっとまとめ** (赤シートを使って，□に入るものを考えよう。)

1 式の乗法，除法 教 p.12〜p.15

・単項式と多項式の乗法，除法は，$\boxed{分配法則}$ を用いる。　$a(b+c)=\boxed{ab}+\boxed{ac}$

$$(a+b)\div c=\boxed{\dfrac{a}{c}}+\boxed{\dfrac{b}{c}}$$

・積の形で書かれた式を計算して和の形で表すことを，　$(a+b)(c+d)$

もとの式を $\boxed{展開}$ するという。　　$=\boxed{ac}+\boxed{ad}+\boxed{bc}+\boxed{bd}$

2 乗法の公式 教 p.16〜p.19

・$(x+a)(x+b)=\boxed{x^2+(a+b)x+ab}$

・$(a+b)^2=\boxed{a^2+2ab+b^2}$

・$(a-b)^2=\boxed{a^2-2ab+b^2}$

・$(a+b)(a-b)=\boxed{a^2-b^2}$

公式を忘れてしまったら $(a+b)(c+d)$ の計算を使うといいよ。

✅ **スピード確認** (□に入るものを答えよう。答えは，下にあります。)

1

□ $3a(4a+5b)=3a\times4a+3a\times\boxed{①}$

　　　　　$=12a^2+\boxed{②}$

□ $(12x^2-6x)\div3x=\dfrac{12x^2}{3x}-\boxed{③}$

　　　　　　　　$=4x-\boxed{④}$

□ $(x+y)(m-n)=mx\boxed{⑤}nx\boxed{⑥}my\boxed{⑦}ny$

（⑤〜⑦は符号を入れる）

2

□ $(a+5)(a+4)=a^2+\boxed{⑧}a+20$　★$(x+a)(x+b)=x^2+(a+b)x+ab$

□ $(x-7)(x+3)=x^2-\boxed{⑨}x-21$

□ $(a+4)^2=a^2+\boxed{⑩}a+16$　★$(a+b)^2=a^2+2ab+b^2$

□ $(x-5)^2=x^2-10x+\boxed{⑪}$　★$(a-b)^2=a^2-2ab+b^2$

□ $(x+2)(x-2)=x^2-\boxed{⑫}$　★$(a+b)(a-b)=a^2-b^2$

□ $(9-a)(9+a)=\boxed{⑬}-a^2$

① _____

② _____

③ _____

④ _____

⑤ _____

⑥ _____

⑦ _____

⑧ _____

⑨ _____

⑩ _____

⑪ _____

⑫ _____

⑬ _____

答 ①$5b$ ②$15ab$ ③$\dfrac{6x}{3x}$ ④$2$ ⑤$-$ ⑥$+$ ⑦$-$ ⑧$9$ ⑨$4$ ⑩8 ⑪25 ⑫4 ⑬81

基礎力UP テスト対策問題

1 式の乗法, 除法　次の計算をしなさい。

(1) $(3a+4b)\times 2a$

(2) $-4a(5a-2b)$

(3) $(14x^2-7x)\div 7x$

(4) $(-3x^2+x)\div \dfrac{x}{3}$

2 式の展開　次の計算をしなさい。

(1) $(x+5)(y+3)$

(2) $(a-1)(b+2)$

(3) $(x+2)(x-3)$

(4) $(3a-7b)(a-6b)$

(5) $(a+4)(a-3b+2)$

(6) $(x+2y-3)(x-2y)$

3 乗法の公式　次の計算をしなさい。

(1) $(x+4)(x-6)$

(2) $(x+9)^2$

(3) $(a-3b)^2$

(4) $(3a+7)(3a-7)$

(5) $\left(x-\dfrac{1}{3}\right)\left(x+\dfrac{1}{5}\right)$

(6) $2(x-3)^2-(x+4)(x-5)$

(7) $(a+b-6)(a+b+2)$

(8) $(x-y+3)^2$

テスト対策ナビ

ポイント

1 (4)分数でわる除法では, 分数を逆数にし, 乗法になおして計算する。

$$(-3x^2+x)\div \dfrac{x}{3}$$
$$=(-3x^2+x)\times \dfrac{3}{x}$$

絶対に覚える!

$$(a+b)(c+d)$$
$$=ac+ad+bc+bd$$

2 (5)$(a+4)(a-3b+2)$
$$=a(a-3b+2)$$
$$\qquad +4(a-3b+2)$$
とする。

絶対に覚える!

■$(x+a)(x+b)$
$=x^2+(a+b)x+ab$
■$(a+b)^2$
$=a^2+2ab+b^2$
■$(a-b)^2$
$=a^2-2ab+b^2$
■$(a+b)(a-b)$
$=a^2-b^2$

3 (7)　$a+b$をMとして計算する。

テストに出る！

予想問題

1章 式の展開と因数分解
1節 式の展開と因数分解

⏱ 20分

/16問中

1 式の乗法，除法　次の計算をしなさい。

(1) $(9a-5b)\times(-2ab)$

(2) $-3x(-x-4y+1)$

(3) $(8ab-6ab^2)\div(-2a)$

(4) $(-18x^2y+12xy^2)\div\left(-\dfrac{2}{3}xy\right)$

2 式の展開　次の計算をしなさい。

(1) $(a-b)(c+d)$

(2) $(3x-4y)(4x-y)$

(3) $(a+1)(2a-b-2)$

(4) $(x+3y+1)(x-4y)$

3 🔍よく出る　乗法の公式　次の計算をしなさい。

(1) $(a-5b)(a+4b)$

(2) $\left(\dfrac{1}{4}a+2\right)^2$

(3) $(2x+11y)^2$

(4) $\left(a-\dfrac{1}{3}b\right)^2$

(5) $\left(x+\dfrac{1}{6}\right)\left(x-\dfrac{1}{6}\right)$

(6) $(3a-4b)(-3a-4b)$

4 いろいろな計算　次の計算をしなさい。

(1) $(x+1)^2+(x+3)(x-3)$

(2) $(x-3y)(x-3y-5)$

3 それぞれ乗法の公式にあてはめて計算する。
4 (2) 共通な部分を１つの文字におきかえて考える。

1章 式の展開と因数分解

1節 式の展開と因数分解　2節 式の計算の利用

テストに出る！ 教科書の**ココ**が**要点**

📖 さらっとまとめ （赤シートを使って，□に入るものを考えよう。）

1 因数分解　**教** p.21〜p.27

・1つの数や式が，いくつかの数や式の積の形に表されるとき，積の形に表したそれぞれ
の数や式を，もとの数や式の 因数 という。

・多項式をいくつかの因数の積の形に表すことを，
その多項式を 因数分解 するという。

$$(x+4)(x-4) \overset{展開}{\underset{因数分解}{\rightleftarrows}} x^2-16$$

・因数分解の公式のまとめ

$Ma+Mb=$ M(a+b)　　$a^2-b^2=$ (a+b)(a-b)

$a^2+2ab+b^2=$ (a+b)²　　$a^2-2ab+b^2=$ (a-b)²

$x^2+(a+b)x+ab=$ (x+a)(x+b)

2 式の計算の利用　**教** p.28〜p.33

・因数分解や式の展開を利用すると，数の計算や
図形の性質の証明が簡単にできる場合がある。

例 $15^2-5^2=(15+5)\times(15-5)$
$=20\times10=200$

✓ スピード確認 （□に入るものを答えよう。答えは，下にあります。）

1
- $15x^2y+10xy^2=$ ①$(3x+2y)$
- $b^2-64=(b+8)(b-$ ② $)$
- $x^2+18x+81=(x+$ ③ $)^2$
- $x^2-8x+16=(x-$ ④ $)^2$
- $x^2+6x+8=(x+$ ⑤ $)(x+4)$
- $x^2-9x+14=(x-2)(x-$ ⑥ $)$
- $x^2-x-12=(x+$ ⑦ $)(x-4)$

2
- $65^2-25^2=(65+25)\times(65-$ ⑧ $)$　★因数分解を利用する。
  $=90\times$ ⑨
  $=$ ⑩
- $21^2=(20+$ ⑪ $)^2$　★乗法の公式を利用する。
  $=20^2+2\times20\times$ ⑪ $+$ ⑪ ^{2}
  $=$ ⑫

① ＿＿＿＿＿＿
② ＿＿＿＿＿＿
③ ＿＿＿＿＿＿
④ ＿＿＿＿＿＿
⑤ ＿＿＿＿＿＿
⑥ ＿＿＿＿＿＿
⑦ ＿＿＿＿＿＿
⑧ ＿＿＿＿＿＿
⑨ ＿＿＿＿＿＿
⑩ ＿＿＿＿＿＿
⑪ ＿＿＿＿＿＿
⑫ ＿＿＿＿＿＿

答▶ ①5xy ②8 ③9 ④4 ⑤2 ⑥7 ⑦3 ⑧25 ⑨40 ⑩3600 ⑪1 ⑫441

基礎力UP テスト対策問題

テスト対策ナビ

1 因数分解（共通因数をくくり出す） 次の式を因数分解しなさい。

(1) $5ax - 10ay$

(2) $8x^2 + 2xy - 6x$

2 因数分解（乗法の公式の利用） 次の式を因数分解しなさい。

(1) $x^2 + 4x + 3$

(2) $a^2 + a - 72$

(3) $4x^2 - 25$

(4) $4a^2 + 4ab + b^2$

(5) $9 + 6x + x^2$

(6) $-14x + 49 + x^2$

3 いろいろな因数分解 次の式を因数分解しなさい。

(1) $3a^2 - 27$

(2) $(a-3)x - (a-3)y$

4 式の計算の利用 展開を利用して，次の計算をしなさい。

(1) 48×52

(2) 98^2

5 式の値 $x = 7$, $y = 11$ のとき，次の式の値を求めなさい。

(1) $x^2 + 6xy + 9y^2$

(2) $(x+y)(x-2y) - (x+2y)(x-y)$

6 式の計算の利用 右の図のような，縦の長さが x，横の長さが y の長方形の土地のまわりに，幅 z の道があります。この道の面積を S，道のまん中を通る線の長さを ℓ とするとき，$S = z\ell$ となります。このことを証明しなさい。

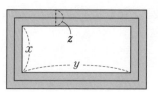

ポイント

■すべての項に共通してふくまれる因数を共通因数という。
■因数分解するときは，まず共通因数をくくり出すことを考えてから乗法の公式の利用を考えるとよい。

3 (2) $a-3$ を M として因数分解したあと，M を $a-3$ にもどす。

4 展開を利用して，計算が簡単になるようにする。

5 式を因数分解したり，展開したりして，式を簡単な形にしてから代入する。

6 S, ℓ を x, y, z を使った式で表す。

テストに出る！
予想問題

1章 式の展開と因数分解
1節 式の展開と因数分解　2節 式の計算の利用

⏱20分

/16問中

1 💡**よく出る**　因数分解　次の式を因数分解しなさい。

(1)　$12x^2y + 8xy^2 - 4xy$

(2)　$x^2 - 5x + 4$

(3)　$m^2 - 144$

(4)　$4x^2 - 4xy + y^2$

(5)　$\dfrac{1}{9}x^2 - y^2$

(6)　$a^2 + a + \dfrac{1}{4}$

(7)　$25x^2 - 10x + 1$

(8)　$36m^2 - 49n^2$

2　いろいろな因数分解　次の式を因数分解しなさい。

(1)　$3ax^2 + 12ax - 36a$

(2)　$(x-y)^2 - 7(x-y) + 10$

(3)　$ab^2 - 9ax^2$

(4)　$a^2 - (b+2c)^2$

3　式の計算の利用　展開や因数分解を利用して，次の計算をしなさい。

(1)　$3.4^2 - 1.4^2$

(2)　$9^2 - 10^2 + 11^2$

4　式の値　次の式の値を求めなさい。

(1)　$x=104$ のとき，$(x-2)^2 - (x+2)(x-2)$ の値

(2)　$x=6.35,\ y=-3.65$ のとき，$x^2 - y^2$ の値

2 (1)(3)　共通因数をくくり出してから，因数分解の公式の利用を考える。
4　そのまま代入せずに，式を因数分解してから代入すると計算しやすい。

テストに出る！

章末予想問題 | 1章 式の展開と因数分解

⏱ 30分

/100点

1 次の計算をしなさい。　　　　　　　　　　　　　　　　　　3点×2〔6点〕

(1) $-\dfrac{3}{4}y(-8x+4y-20z)$

(2) $(15a^2b-9ab^2)\div\left(-\dfrac{3}{5}ab\right)$

2 次の計算をしなさい。　　　　　　　　　　　　　　　　　　4点×6〔24点〕

(1) $(x-4)(2y+7)$

(2) $(3a+4b)(a+b-2)$

(3) $(x-1)(x-9)$

(4) $(4t+1)(1-4t)$

(5) $\left(x+\dfrac{1}{3}\right)\left(x-\dfrac{1}{3}\right)$

(6) $(2a+b+3)(2a+b-3)$

3 差がつく　次の計算をしなさい。　　　　　　　　　　　　　5点×2〔10点〕

(1) $(x+4)(x+5)-(x+3)^2$

(2) $2(a-1)(a-5)-(a+4)(a-4)$

4 次の式を因数分解しなさい。　　　　　　　　　　　　　　　4点×8〔32点〕

(1) $x^2-10x+21$

(2) a^2+2a+1

(3) x^2-169

(4) $x^2+9x-10$

(5) $9x^2-12x+4$

(6) $4m^2-\dfrac{1}{25}n^2$

(7) $6ax^2-24ax-72a$

(8) $(3x-1)^2+2x(1-3x)$

5 次の問いに答えなさい。　　　　　　　　　　　　　6点×3〔18点〕

(1) 展開や因数分解を使って，次の計算をしなさい。

① $7.8^2 - 2.2^2$　　　　　　　　② $301 \times 299 - 300 \times 302$

(2) $x = \dfrac{1}{4}$，$y = -2$ のとき，$4xy - 8x + 2y - 4$ の値を求めなさい。

6 差がつく　5，8，11 のように，差が 3 である 3 つの自然数があるとき，もっとも大きい数
の 2 乗からもっとも小さい数の 2 乗をひいた数は，中央の数の 12 倍になることを証明しな
さい。　　　　　　　　　　　　　　　　　　　　　　　　　　　　　　〔10点〕

1	(1)	(2)	
2	(1)	(2)	(3)
	(4)	(5)	(6)
3	(1)	(2)	
4	(1)	(2)	(3)
	(4)	(5)	(6)
	(7)	(8)	
5	(1) ①	②	(2)
6			

1 /6点	**2** /24点	**3** /10点	**4** /32点	**5** /18点	**6** /10点

9

2章 平方根

1節 平方根

テストに出る! 教科書の ココが 要点

📓 さらっとまとめ (赤シートを使って，□に入るものを考えよう。)

1 平方根 教 p.40〜p.43

・2乗すると a になる数を，a の 平方根 といい，$\pm\sqrt{a}$ と表す。

・平方根の大小…正の数 a，b について，$a<b$ ならば，$\sqrt{a}$ < $\sqrt{b}$

2 平方根の値 教 p.44〜p.45

・平方根の値は，小数の2乗とくらべることで，近い値を求められる。

例 $1.7^2=2.89$，$1.8^2=3.24$ で，

$2.89<3<3.24$ だから $1.7<\sqrt{3}<1.8$

したがって，$\sqrt{3}$ を小数で表したとき，

その小数第1位の数は 7 。

3 有理数と無理数 教 p.46〜p.47

・整数 m と，0でない整数 n を使って，分数 $\dfrac{m}{n}$ の形に表される数を 有理数 という。

・有理数でない数を 無理数 という。

4 真の値と近似値 教 p.48〜p.49

・測定して得られた値などのように，真の値に近い値のことを 近似値 といい，この値の中で，意味のある数字を 有効数字 という。

☑ スピード確認 (□に入るものを答えよう。答えは，下にあります。)

□ 4の平方根は ①，11の平方根は ②

□ $\sqrt{}$ を使わずに表すと，$\sqrt{64}=$ ③，$-\sqrt{81}=$ ④

1 □ $(\sqrt{3})^2=$ ⑤，$(-\sqrt{7})^2=$ ⑥

□ 数の大小を不等号を使って表すと，$\sqrt{37}$ ⑦ 6

□ 数の大小を不等号を使って表すと，-5 ⑧ $-\sqrt{5}$

2 □ $\sqrt{2}=1.414\cdots\cdots$，$\sqrt{3}=$ ⑨ $\cdots\cdots$，$\sqrt{5}=2.236\cdots\cdots$

3 □ $\sqrt{\dfrac{1}{4}}$，$-\sqrt{81}$，$\sqrt{2}$，$-\dfrac{1}{3}$ のうち，無理数は ⑩ である。

4 □ ある数 a の小数第2位を四捨五入した近似値が 2.5 であるとき，a の範囲を不等号を使って表すと，⑪

① _____

② _____

③ _____

④ _____

⑤ _____

⑥ _____

⑦ _____

⑧ _____

⑨ _____

⑩ _____

⑪ _____

答 ①±2 ②$\pm\sqrt{11}$ ③$8$ ④-9 ⑤$3$ ⑥$7$ ⑦$>$ ⑧$<$ ⑨$1.732$ ⑩$\sqrt{2}$ ⑪$2.45\leqq a<2.55$

基礎力UP テスト対策問題

1 平方根　次の問いに答えなさい。

(1) 次の数の平方根を求めなさい。

① 900　　　　　　　　② $\dfrac{4}{25}$

(2) 次の数の平方根を，$\sqrt{}$ を使って表しなさい。

① 0.7　　　　　　　　② $\dfrac{2}{3}$

(3) 次の値を求めなさい。

① $(\sqrt{13})^2$　　　　　　② $(-\sqrt{10})^2$

(4) 次の数を，$\sqrt{}$ を使わずに表しなさい。

① $\sqrt{\dfrac{25}{36}}$　　　　　　　② $-\sqrt{0.04}$

(5) 次の各組の大小を，不等号を使って表しなさい。

① $\sqrt{17}$, 4　　　　　　② $-\sqrt{21}$, -5

ミス注意！
$\sqrt{a}$ は a の平方根の
うち，正の方の数を
表す。

2 平方根の値　$\sqrt{15}$ を小数で表したときの小数第 2 位の数を次の
ように求めました。□にあてはまる数を答えなさい。

$3.8^2=\boxed{\text{ア}}$，$3.9^2=\boxed{\text{イ}}$ より，$\boxed{\text{ア}}<15<\boxed{\text{イ}}$ だから，

$3.8<\sqrt{15}<3.9$　したがって，$\sqrt{15}$ を小数で表したときの小数

第 1 位の数は $\boxed{\text{ウ}}$ である。$3.87^2=\boxed{\text{エ}}$　$3.88^2=\boxed{\text{オ}}$ より，

$\boxed{\text{エ}}<15<\boxed{\text{オ}}$ だから，$3.87<\sqrt{15}<3.88$　したがって，

$\sqrt{15}$ を小数で表したとき，その小数第 2 位の数は $\boxed{\text{カ}}$ である。

絶対に覚える！
$0<a<b$ ならば
$\sqrt{a}<\sqrt{b}$
$-\sqrt{a}>-\sqrt{b}$

3 有理数と無理数　次の⑦～㋑の数の中から，無理数をすべて選び，
記号で答えなさい。

⑦ $\sqrt{7}$　　㋑ 0　　㋒ π（円周率）　　㋓ $-\sqrt{81}$　　㋕ $0.\dot{1}2\dot{3}$

ポイント
循環小数は分数で表
されるので，有理数
である。
例 $0.\dot{1}2\dot{3}=\dfrac{123}{999}=\dfrac{41}{333}$

4 近似値　次の近似値で，有効数字が 3 けたであるとき，整数部分
が 1 けたの小数と，10 の何乗かの積の形に表しなさい。

(1) ある市の人口 723000 人

(2) ある都道府県の面積 9200 km²

テストに出る！
予想問題

2章 平方根
1節 平方根

⏰ 20分

/16問中

1 🔍**よく出る** 平方根 次の問いに答えなさい。

(1) 次の数の平方根を求めなさい。

① 0.16

② $\dfrac{3}{17}$

(2) 次の数を，$\sqrt{}$ を使わずに表しなさい。

① $\sqrt{100}$

② $\sqrt{\dfrac{4}{25}}$

③ $-\sqrt{0.16}$

(3) 次の値を求めなさい。

① $(\sqrt{2})^2$

② $(-\sqrt{11})^2$

(4) $3<\sqrt{a}<3.5$ となる整数 a を，すべて求めなさい。

2 🔍**よく出る** 平方根の大小 次の数を，小さい方から順に並べなさい。

$-4,\ \sqrt{\dfrac{1}{2}},\ -\sqrt{15},\ \sqrt{0.6},\ \dfrac{3}{4}$

3 平方根の値 面積が $10\pi\ \text{cm}^2$ である円をかくには，半径の長さを何 cm にすればよいでしょうか。電卓を使って，小数第 2 位まで求めなさい。

4 有理数と無理数 次の①〜⑥の数は，右のア〜エのどれにあてはまりますか。記号で答えなさい。

① $\sqrt{15}$　　② 1.23　　③ -3

④ $\sqrt{4}$　　⑤ $-\dfrac{4}{5}$　　⑥ $\dfrac{32}{99}$

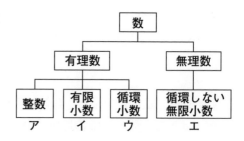

成績 UP ナビ

2 $0<a<b$ のとき，$-\sqrt{a}>-\sqrt{b}$ となることに注意する。

4 分数は分子を分母でわって小数に直して考える。

2章 平方根

2節 根号をふくむ式の計算　3節 平方根の利用

テストに出る! **教科書の ココ が 要点**

さらっとまとめ（赤シートを使って，□に入るものを考えよう。）

1 根号をふくむ式の乗法，除法　教 p.51～p.55

・正の数 a，b について，$\sqrt{a} \times \sqrt{b} = \sqrt{\boxed{a \times b}}$，$\dfrac{\sqrt{a}}{\sqrt{b}} = \sqrt{\boxed{\dfrac{a}{b}}}$

・分母に $\sqrt{}$ をふくまない形にすることを，分母を $\boxed{\text{有理化する}}$ という。

2 根号をふくむ式の計算　教 p.56～p.58

・$\sqrt{}$ の部分が同じときの和や差は，$3\sqrt{2} + 5\sqrt{2} = (3+5)\sqrt{2}$ のように $\boxed{\text{文字式}}$ の計算と同じように考えることができる。

3 平方根の利用　教 p.60～p.61

・平方根を利用して，身のまわりの問題を解決する方法を考える。

✓ スピード確認（□に入るものを答えよう。答えは，下にあります。）

1
□ $\sqrt{5} \times \sqrt{7} = \boxed{①}$　　　　　　　　　　① ＿＿＿＿＿＿

□ $\sqrt{30} \div \sqrt{6} = \boxed{②}$　　　　　　　　　② ＿＿＿＿＿＿

□ $2\sqrt{2}$ を $\sqrt{a}$ の形にすると $\boxed{③}$　　③ ＿＿＿＿＿＿

□ $\sqrt{32}$ の $\sqrt{}$ の中をできるだけ簡単な数にすると $\boxed{④}$　　④ ＿＿＿＿＿＿

□ $\dfrac{1}{\sqrt{7}}$ の分母を有理化すると $\dfrac{1 \times \sqrt{7}}{\sqrt{7} \times \sqrt{7}} = \boxed{⑤}$　⑤ ＿＿＿＿＿＿

⑥ ＿＿＿＿＿＿

2
□ $2\sqrt{3} + 4\sqrt{3} = \boxed{⑥}$　　　　　　　　⑦ ＿＿＿＿＿＿

□ $3\sqrt{5} - 5\sqrt{5} = \boxed{⑦}$　　　　　　　　⑧ ＿＿＿＿＿＿

□ $\dfrac{12}{\sqrt{3}} + \sqrt{27} = \boxed{⑧}$　　　　　　　⑨ ＿＿＿＿＿＿

□ $\sqrt{3}(\sqrt{6} - \sqrt{3}) = \boxed{⑨}$　　　　　　⑩ ＿＿＿＿＿＿

□ $(\sqrt{6} + 1)(\sqrt{5} + 3) = \boxed{⑩}$　　　　　⑪ ＿＿＿＿＿＿

□ $(\sqrt{3} + 2)(\sqrt{3} - 1) = \boxed{⑪}$　　　　　⑫ ＿＿＿＿＿＿

3 □ 対角線の長さが 12 cm である正方形の1辺の長さは $\boxed{⑫}$ cm

答 ①$\sqrt{35}$　②$\sqrt{5}$　③$\sqrt{8}$　④$4\sqrt{2}$　⑤$\dfrac{\sqrt{7}}{7}$　⑥$6\sqrt{3}$　⑦$-2\sqrt{5}$　⑧$7\sqrt{3}$　⑨$3\sqrt{2}-3$
⑩$\sqrt{30}+3\sqrt{6}+\sqrt{5}+3$　⑪$1+\sqrt{3}$　⑫$6\sqrt{2}$

基礎力UP テスト対策問題

1 √ のついた数の積と商　次の計算をしなさい。

(1) $\sqrt{3} \times \sqrt{7}$

(2) $-\sqrt{6} \times (-\sqrt{5})$

(3) $\sqrt{18} \div \sqrt{3}$

(4) $-\sqrt{45} \div \sqrt{5}$

2 √ の変形　次の問いに答えなさい。

(1) 次の数を $\sqrt{a}$ の形にしなさい。

① $3\sqrt{2}$

② $\dfrac{\sqrt{24}}{2}$

(2) 次の数の √ の中をできるだけ簡単な数にしなさい。

① $\sqrt{28}$

② $\sqrt{0.05}$

③ $\sqrt{180}$

3 分母の有理化　次の数の分母を有理化しなさい。

(1) $\dfrac{\sqrt{5}}{\sqrt{7}}$

(2) $\dfrac{2}{\sqrt{8}}$

4 √ のついた数の積と商　次の計算をしなさい。

(1) $\sqrt{32} \times \sqrt{45}$

(2) $-\sqrt{18} \div \sqrt{27} \times (-\sqrt{24})$

5 根号をふくむ式の和と差　次の計算をしなさい。

(1) $2\sqrt{5} - 5 + 5\sqrt{5}$

(2) $3\sqrt{6} - \sqrt{96} - \sqrt{72}$

6 根号をふくむ式の積と商　次の計算をしなさい。

(1) $(\sqrt{2} - 1)(\sqrt{3} - \sqrt{2})$

(2) $(\sqrt{15} + \sqrt{6}) \div \sqrt{3}$

(3) $(2\sqrt{3} - 1)^2$

7 平方根と式の値　$x = \sqrt{5} + \sqrt{2}$，$y = \sqrt{5} - \sqrt{2}$ のとき，次の式の値を求めなさい。

(1) $x^2 + 2xy + y^2$

(2) $x^2 - y^2$

テスト対策ナビ

絶対に覚える！

正の数 a，b について，

$\sqrt{a} \times \sqrt{b} = \sqrt{a \times b}$

$\dfrac{\sqrt{a}}{\sqrt{b}} = \sqrt{\dfrac{a}{b}}$

思い出そう！

180 を素因数分解すると，

```
2) 180
2)  90
3)  45
3)  15
    5
```
だから，

$180 = 2^2 \times 3^2 \times 5$

絶対に覚える！

分母を有理化するときは，分母と分子に同じ数をかける。

$\dfrac{a}{\sqrt{b}} = \dfrac{a \times \sqrt{b}}{\sqrt{b} \times \sqrt{b}}$

$= \dfrac{a\sqrt{b}}{b}$

6 (3) 乗法の公式を使う。

$(a-b)^2$
$= a^2 - 2ab + b^2$

7 先に因数分解してから，x，y の値を代入すると計算しやすい。

テストに出る！

予想問題

2章 平方根
2節 根号をふくむ式の計算　3節 平方根の利用

⏱20分

/22問中

1 √ の変形　$\sqrt{\dfrac{12}{49}}$ の √ の中をできるだけ簡単な数にしなさい。

2 √ のついた数の積と商　次の計算をしなさい。

(1) $-3\sqrt{6}\times\sqrt{2}$

(2) $\sqrt{27}\times\sqrt{12}$

(3) $-\sqrt{50}\div(-\sqrt{18})$

(4) $12\div\sqrt{3}$

(5) $\sqrt{20}\div(-\sqrt{5})\times(-\sqrt{7})$

(6) $\sqrt{96}\div(-2\sqrt{3})\times2\sqrt{2}$

3 平方根の値　$\sqrt{3}=1.732$, $\sqrt{30}=5.477$ として，次の値を求めなさい。

(1) $\sqrt{300}$

(2) $\dfrac{\sqrt{6}}{\sqrt{5}}$

4 🔑よく出る　根号をふくむ式の和と差　次の計算をしなさい。

(1) $3\sqrt{2}+7\sqrt{3}-7\sqrt{2}$

(2) $-\sqrt{12}+\sqrt{27}$

(3) $\sqrt{32}-\sqrt{50}+\sqrt{8}$

(4) $6\sqrt{5}+\sqrt{20}-\sqrt{45}$

(5) $\sqrt{18}-\dfrac{6}{\sqrt{2}}$

(6) $\dfrac{9\sqrt{6}}{2}-\sqrt{\dfrac{2}{3}}$

5 根号をふくむ式の積　次の計算をしなさい。

(1) $\sqrt{2}(2-\sqrt{3})$

(2) $(\sqrt{7}+2)^2$

(3) $(\sqrt{6}+2)(6-\sqrt{6})$

(4) $(\sqrt{5}+3)(\sqrt{5}-7)$

(5) $(2+2\sqrt{2})(3+5\sqrt{2})$

(6) $(3\sqrt{5}-2\sqrt{2})(3\sqrt{5}+2\sqrt{2})$

6 √ のついた数を自然数にする値　$\sqrt{54a}$ の値が自然数となるような自然数 a のうち，もっとも小さいものを求めなさい。

成績
UP
ナビ

3 $\sqrt{3}$ と $\sqrt{30}$ のどちらが使えるか考えながら，数を変形する。

6 √ の中の数を素因数分解してから考える。

テストに出る！

章末予想問題

2章 平方根

⏱ 30分

/100点

1 次の問いに答えなさい。 3点×10〔30点〕

(1) 次の数の平方根を求めなさい。

① 49　　　② 0.04　　　③ 17　　　④ $\dfrac{1}{16}$

(2) 次の数を，$\sqrt{}$ を使わずに表しなさい。

① $-\sqrt{36}$　　　　② $\sqrt{0.09}$

(3) 次の①〜④の下線部について，正しければ○と答え，誤りがあれば正しくしなさい。

① $\sqrt{4}$ は $\underline{\pm2}$ である。　　　② $\sqrt{(-6)^2}$ は $\underline{6}$ である。

③ 16の平方根は $\underline{4}$ である。　　　④ $(-\sqrt{5})^2$ は $\underline{-5}$ である。

2 差がつく 次の問いに答えなさい。 5点×3〔15点〕

(1) $\dfrac{\sqrt{3}}{7}$，$\sqrt{\dfrac{3}{7}}$，$\dfrac{3}{\sqrt{7}}$，$\dfrac{3}{7}$ を，小さい方から順に並べなさい。

(2) 次の⑦〜⊆の中から，有理数をすべて選び，記号で答えなさい。

⑦ π　　　① $\sqrt{0.25}$　　　⑦ $-\sqrt{\dfrac{1}{7}}$　　　⊆ 0

(3) ある木の高さを測り，その小数第2位を四捨五入した近似値が，14.2mになりました。
この木の高さの真の値を a m とするとき，a の範囲を不等号を使って表しなさい。

3 次の計算をしなさい。ただし，答えの $\sqrt{}$ の中はできるだけ簡単な数にし，分母に $\sqrt{}$ を
ふくまない形にしなさい。 3点×6〔18点〕

(1) $\sqrt{3}\times\sqrt{10}$　　　(2) $-2\sqrt{15}\div(-\sqrt{3}\,)$　　　(3) $2\sqrt{28}+\sqrt{63}$

(4) $5\sqrt{7}-6\sqrt{7}$　　　(5) $2\sqrt{5}\times\sqrt{2}\div(-\sqrt{10}\,)$　　　(6) $\sqrt{8}+\sqrt{48}-\dfrac{2}{\sqrt{2}}$

満点ゲット作戦

$\sqrt{}$ の計算のしかたをきちんと覚えよう。答えは $\sqrt{}$ の中をできるだけ簡単な数にし，分母に $\sqrt{}$ をふくまない形にしよう。

ココが要点を再確認　もう一歩　合格
0　70　85　100点

4 次の計算をしなさい。 4点×4〔16点〕

(1) $\sqrt{3}(\sqrt{45}-\sqrt{18})$　　(2) $(5+\sqrt{2})(\sqrt{5}-\sqrt{10})$

(3) $(\sqrt{12}-3)^2$　　(4) $(2\sqrt{5}-2)(2\sqrt{5}+5)$

5 差がつく 次の問いに答えなさい。 5点×3〔15点〕

(1) $a=\sqrt{3}-1$，$b=\sqrt{3}+1$ のとき，次の式の値を求めなさい。

① $a^2-2ab+b^2$　　② $(a-b)^2+4ab$

(2) $\sqrt{336a}$ の値が自然数となるような自然数 a の値のうち，もっとも小さいものを求めなさい。

6 等しい 2 辺の長さが 10 cm の直角二等辺三角形と面積が等しい正方形の 1 辺の長さを求めなさい。 〔6点〕

1	(1) ①	②	③	④
	(2) ①		②	
	(3) ①	②	③	④
2	(1)	(2)	(3)	
3	(1)	(2)	(3)	
	(4)	(5)	(6)	
4	(1)		(2)	
	(3)		(4)	
5	(1) ①	②	(2)	
6				

1	2	3	4	5	6
/30点	/15点	/18点	/16点	/15点	/6点

1節 二次方程式

テストに出る！ 教科書の ココ が 要点

さらっとまとめ （赤シートを使って，□に入るものを考えよう。）

1 二次方程式とその解き方 教 p.68〜p.71

・移項して整理すると，(xの二次式)＝0 という形になる方程式を，x についての 二次方程式 という。

・二次方程式を成り立たせる文字の値を，その方程式の 解 といい，解をすべて求めることを 二次方程式を解く という。

2 二次方程式の解の公式 教 p.72〜p.74

・二次方程式 $ax^2+bx+c=0$ の解は $x=\dfrac{-b\pm\sqrt{b^2-4ac}}{2a}$

3 二次方程式と因数分解 教 p.75〜p.77

・$A\times B=0$ ならば，$A=\boxed{0}$ または $B=\boxed{0}$ なので，因数分解できる二次方程式はこれを使って解くことができる。

スピード確認 （□に入るものを答えよう。答えは，下にあります。）

1

□ 1 から 6 までの整数のうち，$x^2-6x+5=0$ の解であるものは，1 と $\boxed{①}$ の 2 つである。

□ $4x^2=28$
$x^2=7$
$x=\boxed{②}$

□ $3x^2-36=0$
$3x^2=36$
$x^2=12$
$x=\boxed{③}$

□ $(x+2)^2-64=0$
$(x+2)^2=64$
$x+2=\pm8$
$x=\boxed{④}$，$\boxed{⑤}$

□ $(x-4)^2=11$
$x-4=\pm\sqrt{11}$
$x=\boxed{⑥}$

2

□ $2x^2+7x+4=0$

解の公式より，$x=\dfrac{-\boxed{⑧}\pm\sqrt{\boxed{⑧}^2-4\times\boxed{⑦}\times\boxed{⑨}}}{2\times\boxed{⑦}}=\boxed{⑩}$

3 □ $x^2-8x+12=0$ $(x-2)(x-\boxed{⑪})=0$ $x=\boxed{⑫}$，6

①_____
②_____
③_____
④_____
⑤_____
⑥_____
⑦_____
⑧_____
⑨_____
⑩_____
⑪_____
⑫_____

答 ①5 ②$\pm\sqrt{7}$ ③$\pm2\sqrt{3}$ ④，⑤6，-10 ⑥$4\pm\sqrt{11}$ ⑦2 ⑧7 ⑨4 ⑩$\dfrac{-7\pm\sqrt{17}}{4}$ ⑪6 ⑫2

基礎力UP テスト対策問題

1 二次方程式の解　1, 2, 3, 4, 5 のうち，$x^2-7x+10=0$ の解であるものをすべて選びなさい。

2 二次方程式の解き方　次の二次方程式を解きなさい。

(1)　$x^2-5=0$

(2)　$4x^2=36$

(3)　$5x^2-90=0$

(4)　$16x^2-7=0$

(5)　$(x-1)^2=8$

(6)　$x^2-8x+2=0$

3 二次方程式の解の公式　解の公式を使って，次の二次方程式を解きなさい。

(1)　$x^2+5x+1=0$

(2)　$2x^2+3x-1=0$

(3)　$5x^2-14x+8=0$

(4)　$3x^2-2x-2=0$

4 二次方程式と因数分解　因数分解を使って，次の二次方程式を解きなさい。

(1)　$x^2-10x+9=0$

(2)　$x^2+x-56=0$

(3)　$x^2-8x+16=0$

(4)　$x^2-7x=0$

テスト対策ナビ

ミス注意！

2 (1) 解は $\sqrt{5}$ だけではない。

(3) $x=\pm\sqrt{18}$ で解き終えず，$\sqrt{}$ の中をできるだけ簡単な数にする。

2 は，$x^2=k$ や $(x+m)^2=n$ の形にして解いてみよう。

ポイント

$ax^2+bx+c=0$ の形の二次方程式は，まず左辺が因数分解できるかどうかを考えるとよい。因数分解できない場合は，二次方程式の解の公式にあてはめて解くか，$(x+m)^2=n$ の形にしてから解く。

二次方程式の解は2つあることが多いけど，解が1つしかない場合もあるので注意しよう。

テストに出る!
予想問題

3章 二次方程式
1節 二次方程式

⏱20分

/26問中

1 二次方程式の解き方　次の二次方程式を解きなさい。

(1) $x^2 = 49$

(2) $81t^2 - 25 = 0$

(3) $4x^2 = 24$

(4) $(a-5)^2 = 3$

(5) $(y-7)^2 = 4$

(6) $(x+3)^2 = \dfrac{16}{25}$

(7) $(x+10)^2 - 10 = 0$

(8) $3(t+1)^2 = 75$

(9) $6(x+2)^2 - 9 = 0$

2 二次方程式の解き方　二次方程式 $2n^2 - 8n + 4 = 0$ を，次のようにして解きました。
□ にあてはまる数を答えなさい。

$2n^2 - 8n + 4 = 0$ の両辺を 2 でわって $n^2 - 4n + \boxed{①} = 0$ となる。

数の項を移項して $n^2 - 4n = \boxed{②}$

左辺を $(x+m)^2$ の形にするために，$\boxed{③}$ を両辺にたして

$n^2 - 4n + \boxed{③} = \boxed{④}$ より $(n - \boxed{⑤})^2 = \boxed{⑥}$

$n - \boxed{⑤} = \boxed{⑦}$　よって，$n = \boxed{⑧}$

3 🔍よく出る　二次方程式の解の公式　解の公式を使って，次の二次方程式を解きなさい。

(1) $x^2 - 3x - 5 = 0$

(2) $2n^2 + 2n - 10 = 0$

(3) $3x^2 - 7x + 2 = 0$

(4) $a^2 + 2a - 5 = 0$

(5) $(x+2)(x+1) = 2(x+3)$

(6) $t - 4 = 2t(t-1) - 6$

4 🔍よく出る　二次方程式と因数分解　因数分解を使って，次の二次方程式を解きなさい。

(1) $x^2 - 5x + 4 = 0$

(2) $x^2 + 12x + 36 = 0$

(3) $\dfrac{3}{2}x = x^2$

成績
UP
ナビ

3 (5)(6) まず展開して，（二次式）＝0 の形に整理してから公式を利用する。
4 (2) $(x+a)^2 = 0$，$(x-a)^2 = 0$ のとき，解は 1 つになる。

3章 二次方程式

2節 二次方程式の利用

テストに出る！ 教科書の ココ が 要点

📖 さらっとまとめ （赤シートを使って，□に入るものを考えよう。）

1 二次方程式の利用 教 p.80〜p.85

・身のまわりの疑問を，二次方程式の解を利用して解決することができる。

方程式を使って問題を解く手順（1年の復習）

① 問題の中の数量に着目して，数量の関係を見つける。

② まだわかっていない数量のうち，適当なものを文字で表して方程式をつくる。

③ 方程式を解く。

④ ③で求めた方程式の解が， 問題にあっているかどうか を調べる。

✓ スピード確認 （□に入るものを答えよう。答えは，下にあります。）

1

連続する2つの正の整数があり，それぞれを2乗した数の和が 313 になるとき，2つの数を求める。

□ 連続する2つの正の整数のうち，小さい方の整数を x とすると，大きい方の整数は ① となる。

□ x についての方程式をつくると，
$$x^2+(\boxed{①})^2=313$$

□ これを解くと，
$$x^2+x^2+\boxed{②}x+\boxed{③}-313=0$$
$$2x^2+\boxed{②}x-\boxed{④}=0$$

両辺を2でわって
$$x^2+x-\boxed{⑤}=0$$

左辺を因数分解すると
$$(x+\boxed{⑥})(x-\boxed{⑦})=0$$
$$x=\boxed{⑧},\ \boxed{⑨}$$

□ x は正の整数だから，$x=\boxed{⑩}$ は問題にあわない。$x=\boxed{⑪}$ のとき，求める2つの整数は $\boxed{⑫}$，$\boxed{⑬}$ となり，これは問題にあっている。

① _____
② _____
③ _____
④ _____
⑤ _____
⑥ _____
⑦ _____
⑧ _____
⑨ _____
⑩ _____
⑪ _____
⑫ _____
⑬ _____

答▶ ①$x+1$ ②2 ③1 ④312 ⑤156 ⑥13 ⑦12 ⑧, ⑨−13, 12 ⑩−13 ⑪12 ⑫, ⑬12, 13

基礎力UP テスト対策問題

1 **二次方程式の解**　二次方程式 $x^2 - ax + 6 = 0$ の解の 1 つが 3 であるとき，次の問いに答えなさい。

(1)　a の値を求めなさい。　　(2)　もう 1 つの解を求めなさい。

2 **二次方程式の利用（数）**　連続する 3 つの正の整数があります。もっとも小さい数ともっとも大きい数の積がまん中の数の 2 倍より 23 大きいとき，次の問いに答えなさい。

(1)　まん中の数を x として，二次方程式をつくりなさい。

(2)　連続する 3 つの正の整数を求めなさい。

3 **二次方程式の利用（図形）**　面積が $120\ \mathrm{m^2}$，周の長さが 44 m である長方形の花だんがあります。次の問いに答えなさい。

(1)　長方形の縦の長さを $x\,\mathrm{m}$ として，二次方程式をつくりなさい。

(2)　長方形の縦の長さを求めなさい。ただし，縦は横より短いものとします。

4 **二次方程式の利用**（動く点）

$AB = 24\ \mathrm{cm}$，$BC = 12\ \mathrm{cm}$，$\angle B = 90°$ の直角三角形 ABC があります。点 P は，辺 AB 上を毎秒 4 cm の速さで A から B まで動き，点 Q は，辺 BC 上を毎秒 2 cm の速さで B から C まで動きます。P，Q が同時に出発するとき，$\triangle$PBQ の面積が $\triangle$ABC の面積の $\dfrac{5}{36}$ になるのは何秒後ですか。

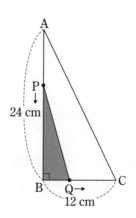

テスト対策ナビ

1 (1)　式に $x = 3$ を代入し a の値を求める。

ポイント

文章問題では，答えが問題にあっているかどうか確かめる。

方程式の解は正の数とは限らないよ！

3 (1)　横の長さを x を用いて表し，長方形の面積についての二次方程式をつくる。
(2)　縦，横の長さの関係に注意する。

4　t 秒後に $\triangle$PBQ の面積が $\triangle$ABC の面積の $\dfrac{5}{36}$ になるとして，二次方程式をつくって求める。また，$24 \div 4 = 6$，$12 \div 2 = 6$ より，$0 \leq t \leq 6$ であることに注意する。

3章 二次方程式
2節 二次方程式の利用

⏱20分

／6問中

1 🔍**よく出る** 二次方程式の利用（数） 次の問いに答えなさい。

(1) 和が30になる2つの自然数があり，それらの積は81です。この2つの自然数を求めなさい。

(2) ある数 x を2乗して3をたさなければならないところを，間違えて2をたして3倍したため，計算の結果が7だけ小さくなりました。ある数 x を求めなさい。

2 二次方程式の利用（容積） 縦が横より4cm短い長方形の紙の四すみから1辺が3cmの正方形を切り取り，ふたのない直方体の容器をつくると，その容積は108 cm³になりました。次の問いに答えなさい。

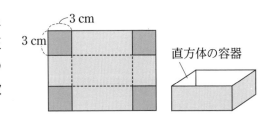

(1) 長方形の縦の長さを求めなさい。

(2) $\sqrt{10}$ ＝3.1 として，容器の底面の長方形の縦の長さを求めなさい。

3 二次方程式の利用（動く点） AB＝12 cm，AD＝18 cmの長方形 ABCD があります。点 P は辺 AB 上を毎秒2 cm の速さでAからBまで動き，点Qは辺 BC 上を毎秒3 cm の速さでBからCまで動きます。点 P，Q が同時に出発するとき，次の問いに答えなさい。

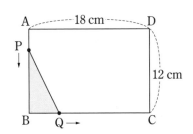

(1) 点 P，Q が出発してから2秒後の △PBQ の面積は，何 cm² ですか。

(2) △PBQ の面積が27 cm² になるのは，点 P，Q が出発してから何秒後ですか。

2 (1) 長方形の紙の縦の長さは6cmより長いということに注意する。
3 (2) t 秒後の BP，BQ の長さは，BP＝12−2t (cm)，BQ＝3t cm と表される。

テストに出る！

章末予想問題

3章 二次方程式

⏱ 30分

/100点

1 次の方程式を解きなさい。　　　　　　　　　　　　　　　　　　　　　5点×8〔40点〕

(1)　$3x^2=90$

(2)　$(x+1)^2=81$

(3)　$3t^2-5t-1=0$

(4)　$n^2-3n+2=0$

(5)　$(x-6)^2=-4(7-x)$

(6)　$a^2+5a=0$

(7)　$2x^2+42=20x$

(8)　$2(x+1)^2-x(x+8)=0$

2 差がつく　二次方程式 $x^2-(2a+3)x+10=0$ の解の1つが -2 であるとき，次の問いに答えなさい。　　　　　　　　　　　　　　　　　　　　　8点×2〔16点〕

(1)　a の値を求めなさい。

(2)　もう1つの解を求めなさい。

3 縦の長さが 11 m，横の長さが 15 m の長方形の土地に，右の図のような同じ幅の道を縦と横につくります。次の問いに答えなさい。

8点×2〔16点〕

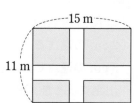

(1)　道の部分の面積が 57 m² になるとき，道の幅を求めなさい。

(2)　道以外の土地に，1 m² あたり 800 円の人工芝をひくと，61600 円かかりました。道の幅を求めなさい。

4 1辺の長さが20 cm の正方形 ABCD があります。点 P は，辺 AB 上を毎秒2 cm の速さでAからBまで動き，点 Q は，線分 EC 上を毎秒1 cm の速さで辺 BC の中点 E から C まで動きます。このとき，△PBQ の面積が64 cm² になるのは，出発してから何秒後ですか。　〔8点〕

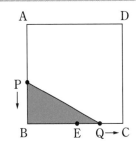

5 差がつく　右の図のように，赤いタイルと黒いタイルを並べて，1番目，2番目，3番目，…と規則正しく図形をつくっていきます。次の問いに答えなさい。　10点×2〔20点〕

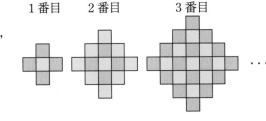

1番目　2番目　3番目

(1) 5番目の図形では，赤いタイルと黒いタイルはそれぞれ何枚使いますか。

(2) 赤いタイルと黒いタイルをあわせて421枚使うのは，何番目の図形ですか。

	(1)	(2)
1	(3)	(4)
	(5)	(6)
	(7)	(8)
2	(1)	(2)
3	(1)	(2)
4		
5	(1) 赤　　　　　黒	(2)

1 /40点	**2** /16点	**3** /16点	**4** /8点	**5** /20点

25

4章 関数 $y=ax^2$

1節 関数とグラフ

テストに出る！ 教科書の ココ が 要点

さらっとまとめ （赤シートを使って，□に入るものを考えよう。）

1 関数 $y=ax^2$ 　教 p.92〜p.94

・x と y の関係が，$y=ax^2$（a は定数）で表されるとき，$\boxed{y \text{ は } x \text{ の } 2 \text{ 乗に比例する}}$ といい，このときの a を $\boxed{\text{比例定数}}$ という。

2 関数 $y=ax^2$ のグラフ 　教 p.95〜p.101

・$y=ax^2$ のグラフは，$\boxed{\text{放物線}}$ になり，対称の軸は $\boxed{y}$ 軸，頂点は $\boxed{\text{原点}}$ である。

・$a>0$ のときは，x 軸の $\boxed{\text{上}}$ 側にあり，$\boxed{\text{上}}$ に開いた形になる。

・$a<0$ のときは，x 軸の $\boxed{\text{下}}$ 側にあり，$\boxed{\text{下}}$ に開いた形になる。

・a の絶対値が大きいほど，開き方が $\boxed{\text{小さく}}$ なる。

スピード確認 （□に入るものを答えよう。答えは，下にあります。）

1
□ y は x の 2 乗に比例し，$x=3$ のとき $y=18$ である。このとき，x と y の関係を式に表す。

　➡ y は x^2 に比例するから，a を比例定数とすると，$y=ax^2$ と表される。これに $x=3$，$y=18$ を代入すると，

　$\boxed{①}=a\times\boxed{②}^2$ より，$a=\boxed{③}$

　よって，x と y の関係を表す式は，$y=\boxed{④}$

① _____

② _____

③ _____

④ _____

2
右のグラフ㋐〜㋓のうち，

□ 比例定数が正であるものは $\boxed{⑤}$ と $\boxed{⑥}$

□ 比例定数が負であるものは $\boxed{⑦}$ と $\boxed{⑧}$

□ 比例定数の絶対値が等しいものは $\boxed{⑨}$ と $\boxed{⑩}$

□ 比例定数が最大のものは $\boxed{⑪}$，最小のものは $\boxed{⑫}$

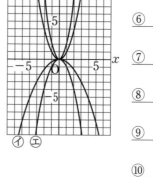

⑤ _____

⑥ _____

⑦ _____

⑧ _____

⑨ _____

⑩ _____

⑪ _____

⑫ _____

答 ①18 ②3 ③2 ④$2x^2$ ⑤，⑥㋐，㋒ ⑦，⑧㋑，㋓ ⑨，⑩㋒，㋓ ⑪㋐ ⑫㋓

基礎力UP テスト対策問題

1 関数 $y=ax^2$　縦が $2x\,\text{cm}$，横が $3x\,\text{cm}$ の長方形の面積を $y\,\text{cm}^2$ とします。これについて，次の問いに答えなさい。

(1)　x と y の関係を式に表しなさい。

(2)　横の長さが $12\,\text{cm}$ であるとき，長方形の面積を求めなさい。

絶対に覚える！

y は x の 2 乗に比例
$\Rightarrow y=ax^2$

2 関数 $y=ax^2$　y は x の 2 乗に比例し，$x=6$ のとき $y=12$ です。これについて，次の問いに答えなさい。

(1)　x と y の関係を式に表しなさい。

(2)　$x=-3$ のとき，y の値を求めなさい。

(3)　$y=4$ となるとき，x の値をすべて求めなさい。

ミス注意！

2 (3) $y=4$ となる x の値は 1 つだけではない。関数 $y=ax^2$ のグラフは y 軸を対称の軸として線対称になっているので，$y=4$ となる x の値は 2 つある。

3 関数 $y=ax^2$ のグラフ　関数 $y=\dfrac{1}{2}x^2$ について，次の問いに答えなさい。

(1)　下の表の空欄をうめなさい。

x	$\cdots$	-6	-4	-2	0	2	4	6	$\cdots$
y	$\cdots$								$\cdots$

(2)　(1)の表をもとにして，$y=\dfrac{1}{2}x^2$ のグラフを右の図にかき入れなさい。

(3)　(2)でかいたグラフを利用して，$y=-\dfrac{1}{2}x^2$ のグラフを右の図にかき入れなさい。

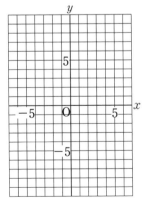

ポイント

■$y=ax^2$ のグラフは原点を頂点，y 軸を対称の軸とする放物線になる。
■関数 $y=ax^2$ のグラフと関数 $y=-ax^2$ のグラフは，x 軸を対称の軸として線対称になる。

テストに出る！
予想問題

4章 関数 $y=ax^2$
1節 関数とグラフ

🕐 20分

/15問中

1 🔍**よく出る** 関数 $y=ax^2$ 次の問いに答えなさい。

(1) y は x の2乗に比例し，$x=2$ のとき $y=12$ です。

① y を x の式で表しなさい。　　　② $x=-3$ のとき，y の値を求めなさい。

③ $y=18$ のとき，x の値をすべて求めなさい。

(2) y は x の2乗に比例し，$x=-4$ のとき $y=-4$ です。

① y を x の式で表しなさい。　　　② $x=8$ のとき，y の値を求めなさい。

③ $y=-2$ のとき，x の値をすべて求めなさい。

2 関数 $y=ax^2$ 次の問いに答えなさい。

(1) ボールが落下しはじめてからの時間 x 秒と，その間に落下する距離 y m の関係が $y=4.9x^2$ となりました。ボールが 39.2 m 落下するのに，何秒かかりますか。

(2) 関数 $y=ax^2$ で，x と y の関係が下の表のようになるとき，表の空欄をうめ，a を求めなさい。

x	-10	-2	0	4	
y		-2			-12.5

3 関数 $y=ax^2$ のグラフ　右の図の⑦〜⑤は，4つの関数

①：$y=2x^2$，②：$y=-x^2$，③：$y=\dfrac{1}{2}x^2$，④：$y=-\dfrac{1}{3}x^2$ の

グラフを，同じ座標軸を使ってかいたものです。それぞれの関数のグラフを⑦〜⑤から選びなさい。

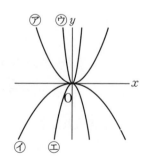

2 (1) $x≧0$ であることに注意する。

(2) x，y 両方の数がわかるところを使って a を求めてから空欄をうめる。

4章 関数 $y=ax^2$

2節 関数 $y=ax^2$ の値の変化　3節 いろいろな事象と関数

テストに出る！ 教科書の ココ が 要点

📖 **さらっとまとめ**（赤シートを使って，□に入るものを考えよう。）

1 関数 $y=ax^2$ の値の増減と変域　教 p.103〜p.105

・$y=ax^2$ のグラフ

$a>0$ のとき	$a<0$ のとき
x の値が増加→y の値が 減少 $(x≦0)$	x の値が増加→y の値が 増加 $(x≦0)$
x の値が増加→y の値が 増加 $(x≧0)$	x の値が増加→y の値が 減少 $(x≧0)$
$x=0$ のとき $y=$ 0 で 最小	$x=0$ のとき $y=$ 0 で 最大
つねに y ≧ 0	つねに y ≦ 0

2 関数 $y=ax^2$ の変化の割合　教 p.106〜p.109

・変化の割合 $= \dfrac{y \text{ の増加量}}{x \text{ の増加量}}$

3 いろいろな事象と関数　教 p.110〜p.115

・身のまわりから関数の関係を見つけ，その関係を利用していろいろな問題を解決する。

✓ スピード確認 （□に入るものを答えよう。答えは，下にあります。）

1

関数 $y=x^2$ について，x の変域が
$-1≦x≦2$ のときの y の変域を考える。

□ $-1≦x≦0$ では，
y の値は ① から ② まで減少

□ $0≦x≦2$ では，
y の値は ③ から ④ まで増加

□ だから ⑤ $≦y≦$ ⑥

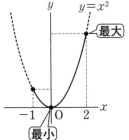

2

□ 関数 $y=2x^2$ について，x の値が 1 から 3 まで増加するとき，

変化の割合 $= \dfrac{2×⑦^2-2×⑧^2}{⑦-⑧} =$ ⑨

□ 関数 $y=ax^2$ の変化の割合は，一次関数 $y=ax+b$ と異なり，
⑩ ではない。

① _____
② _____
③ _____
④ _____
⑤ _____
⑥ _____
⑦ _____
⑧ _____
⑨ _____
⑩ _____

答▶ ①1　②0　③0　④4　⑤0　⑥4　⑦3　⑧1　⑨8　⑩一定

基礎力UP テスト対策問題

1 関数 $y=ax^2$ の変域　関数 $y=2x^2$ について，x の変域が次のときの y の変域を求めなさい。

(1)　$1 \leqq x \leqq 3$　　　(2)　$-4 \leqq x \leqq -2$　　　(3)　$-1 \leqq x \leqq 2$

2 関数 $y=ax^2$ の変化の割合　次の問いに答えなさい。

(1)　関数 $y=3x^2$ について，x の値が 1 から 5 まで増加するときの変化の割合を求めなさい。

(2)　関数 $y=-x^2$ について，x の値が -3 から -1 まで増加するときの変化の割合を求めなさい。

3 関数 $y=ax^2$ の利用　自動車にブレーキをかけたとき，ブレーキがきき始めてから自動車が停止するまでに自動車が動く距離を制動距離といい，制動距離は自動車の速さの 2 乗に比例します。ある自動車では，時速 $30\,\mathrm{km}$ で走るときの制動距離が $7.2\,\mathrm{m}$ でした。次の問いに答えなさい。

(1)　自動車の速さを時速 $x\,\mathrm{km}$，制動距離を $y\,\mathrm{m}$ として，x と y の関係を式に表しなさい。

(2)　時速 $50\,\mathrm{km}$ のとき，制動距離は何 m になりますか。

4 関数 $y=ax^2$ の利用　ふりこが 1 往復するのにかかる時間（周期）を x 秒，ふりこの長さを $y\,\mathrm{m}$ とすると，y は x^2 に比例することが知られています。周期が 4 秒のふりこの長さは $4\,\mathrm{m}$ であるとして，次の問いに答えなさい。

ふりこの長さ

おもり

(1)　y を x の式で表しなさい。

(2)　長さが $9\,\mathrm{m}$ のふりこをつくるとき，このふりこの周期は何秒になりますか。

テスト対策★ナビ

1 先にグラフをかいてから y の最大の値と最小の値を求める。

絶対に覚える!
変化の割合
$= \dfrac{y \text{の増加量}}{x \text{の増加量}}$

(1)で，y は x の 2 乗に比例しているから，$y=ax^2$ と表すことができるね。

4 (1)　$y=ax^2$ に $x=4$，$y=4$ を代入して a の値を求める。
(2)　$x \geqq 0$ であることに注意する。

テストに出る！

予想問題

4章 関数 $y=ax^2$
2節 関数 $y=ax^2$ の値の変化　3節 いろいろな事象と関数

⏱20分

/12問中

1 🔍よく出る　**変域とグラフ**　関数 $y=-\dfrac{1}{3}x^2$ について，x の変域が次のときの y の変域を求めなさい。

(1)　$-9\leqq x\leqq-3$

(2)　$-6\leqq x\leqq2$

2 🔍よく出る　**変化の割合**　関数 $y=\dfrac{1}{2}x^2$ について，x の値が -6 から -2 まで増加するときの変化の割合を求めなさい。

3 **図形の移動**　右の図1のように，直角二等辺三角形 ABC と正方形 DEFG が直線 ℓ 上に並んでいます。この状態から △ABC は直線 ℓ にそって矢印の方向に毎秒 1 cm の速さで図2のように動きます。点Cが点Fにぴったり重なるまで動くとき，次の問いに答えなさい。

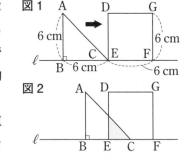

(1)　△ABC が動きはじめてから x 秒後に，2つの図形が重なってできる部分の面積を $y\,\mathrm{cm}^2$ として，x と y の関係を式に表しなさい。

(2)　x の変域を求めなさい。

(3)　重なってできる部分の面積が 6 cm² になるのは何秒後ですか。

4 **いろいろな関数**　右の図は，あるバスに x km 乗車したときの運賃が y 円であるとして，x と y の関係をグラフに表したものです。□にあてはまる数を答えなさい。

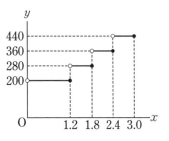

　バスに乗車してから ア km の地点までは運賃は イ 円で一定だが，それ以降は ウ km ごとに運賃は エ 円ずつ高くなっていく。バスに 2.7 km 乗ったときの運賃は オ 円である。また，280 円では カ km まで乗ることができる。

4 端の点をふくむ場合は●，ふくまない場合は○で表されていることに注意する。

テストに出る！

章末予想問題

4章 関数 $y = ax^2$

⏱ 30分

/100点

1 y は x の2乗に比例し，$x=4$ のとき $y=6$ です。このとき，次の問いに答えなさい。

5点×4〔20点〕

(1) x と y の関係を式に表しなさい。

(2) $x=-8$ のとき，y の値を求めなさい。

(3) $y=9$ のとき，x の値をすべて求めなさい。

(4) x の値が2倍，3倍になると，y の値はどうなりますか。

2 次の問いに答えなさい。

6点×2〔12点〕

(1) 関数 $y = \dfrac{2}{3}x^2$ について，x の変域が $-9 \leqq x \leqq 4$ のときの y の変域を求めなさい。

(2) 関数 $y = ax^2$ で，x の変域が $-2 \leqq x \leqq 1$ のとき，y の変域が $-9 \leqq y \leqq 0$ です。このとき，a の値を求めなさい。

3 次の問いに答えなさい。

6点×3〔18点〕

(1) 関数 $y = -4x^2$ について，x の値が1から3まで増加するときの変化の割合を求めなさい。

(2) 関数 $y = ax^2$ について，x の値が6から9まで増加するときの変化の割合が5であるとき，a の値を求めなさい。

(3) 2つの関数 $y = \dfrac{1}{6}x^2$ と $y = -\dfrac{2}{3}x+6$ について，x の値が，a から $a+2$ まで増加するときの変化の割合が等しくなります。このとき，a の値を求めなさい。

4 ボールがある斜面をころがるとき，ころがりはじめてからの時間を x 秒，その間にころがる距離を y cm とすると，$y = \dfrac{1}{2}x^2$ という関係になりました。このとき，次の場合の平均の速さを求めなさい。

8点×2〔16点〕

(1) 1秒後から3秒後まで

(2) 4秒後から5秒後まで

⚑発展 **5** 右の図のように，関数 $y＝\dfrac{1}{2}x^2$ のグラフと関数

$y＝－x＋4$ のグラフが2点 A，B で交わっています。点Aの

x 座標は正として，次の問いに答えなさい。　5点×2〔10点〕

(1) 2点 A，B の座標をそれぞれ求めなさい。

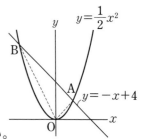

(2) 座標軸の1目もりを1cm として，△OAB の面積を求めなさい。

6 差がつく　右の図は，ある電話会社Aの料金プランで，県外
の x km 離れた地点に電話したとき，10円で通話できる時間
を y 秒として，x と y の関係をグラフに表したものです。これ
について，次の問いに答えなさい。　8点×3〔24点〕

(1) $y＝50$ となるときの x の変域を求めなさい。

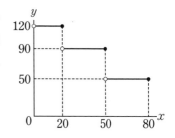

(2) 通話時間と料金が比例するとき，65km 離れた地点に5分通話したときの電話料金を求
めなさい。

(3) 別の電話会社Bでは，40km までは10円で100秒通話でき，80km までは10円で60
秒通話できます。このとき，$x≦80$ の範囲で電話会社Bを利用した方が安くすむ x の変域
をすべて求めなさい。

1	(1)	(2)	
	(3)	(4) 2倍	3倍
2	(1)	(2)	
3	(1)	(2)	(3)
4	(1)	(2)	
5	(1) A　　　　　　　　B		(2)
6	(1)	(2)	(3)

5章 図形と相似

1節 図形と相似

テストに出る! 教科書の ココ が 要点

さらっとまとめ （赤シートを使って，□に入るものを考えよう。）

1 相似な図形 教 p.122〜p.125

・2つの図形で，一方の図形を拡大または縮小したものと，他方の図形が合同であるとき，2つの図形は 相似 という。

・相似な図形では，対応する線分の長さの 比 はすべて等しく，対応する 角 の大きさはそれぞれ等しい。

・相似な図形で，対応する線分の長さの比を 相似比 という。

2 三角形の相似条件 教 p.126〜p.128

① 3組の辺 の比が，すべて等しい。

② 2組の辺 の比とその間の 角 が，それぞれ等しい。

③ 2組の角 が，それぞれ等しい。

3 三角形の相似条件と証明 教 p.129〜p.131

・三角形の相似条件を使って，図形の性質を証明する。

スピード確認 （□に入るものを答えよう。答えは，下にあります。）

☐ 図1で，△ABC と △PQR は相似である。このことを記号を使って，△ABC ① △PQR と表す。

このとき，△ABC と △PQR の相似比は ② : ③ ，∠Q= ④ °である。

図1

P
A
8 cm   12 cm
54°
B   C Q   R

① ＿＿＿＿
② ＿＿＿＿
③ ＿＿＿＿
④ ＿＿＿＿

☐ 図2で，AB：A′B′=BC： ⑤ =CA：C′A′ のとき， ⑥ の比がすべて等しいから，△ABC∽△A′B′C′

図2

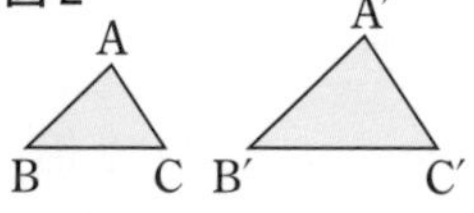

A   A′
B   C   B′   C′

⑤ ＿＿＿＿
⑥ ＿＿＿＿
⑦ ＿＿＿＿

☐ 図3で，AB：A′B′=BC：B′C′，∠B= ⑦ のとき， ⑧ の比とその間の ⑨ がそれぞれ等しいから，△ABC∽△A′B′C′

図3

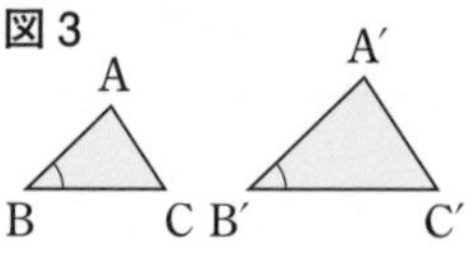

A   A′
B   C   B′   C′

⑧ ＿＿＿＿
⑨ ＿＿＿＿
⑩ ＿＿＿＿

☐ 図4で，∠B=∠B′，∠C= ⑩ のとき， ⑪ がそれぞれ等しいから，△ABC∽△A′B′C′

図4

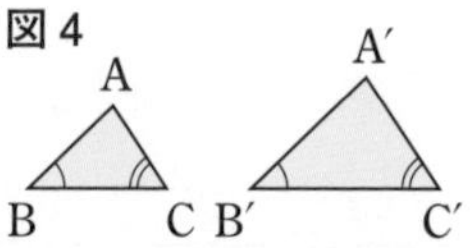

A   A′
B   C   B′   C′

⑪ ＿＿＿＿

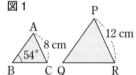
答 ①∽ ②2 ③3 ④54 ⑤B′C′ ⑥3組の辺 ⑦∠B′ ⑧2組の辺 ⑨角 ⑩∠C′ ⑪2組の角

基礎力UP テスト対策問題

1 相似な図形　右の図で，四角形 ABCD∽四角形 EFGH であるとき，次の問いに答えなさい。

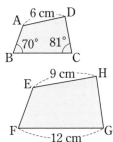

(1) 四角形 ABCD と四角形 EFGH の相似比を求めなさい。

(2) BC の長さを求めなさい。

(3) ∠F の大きさを求めなさい。

2 三角形の相似条件　下の図で，相似な三角形を記号∽を使って表しなさい。また，そのとき使った相似条件をいいなさい。

(1)
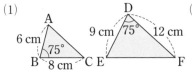

(2)
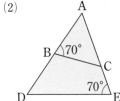

3 相似条件と証明　右の図で，線分 AB と線分 CD は点Eで交わっています。これについて，次の問いに答えなさい。

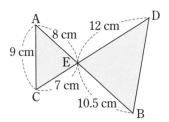

(1) △AEC∽△DEB であることを証明しなさい。

(2) 辺 DB の長さを求めなさい。

テスト対策ナビ

ポイント

相似比は，もっとも簡単な整数の比で表す。

思い出そう！

$a : b = c : d$ ならば，$ad = bc$

絶対に覚える！

三角形の相似条件
① 3組の辺の比が，すべて等しい。
② 2組の辺の比とその間の角が，それぞれ等しい。
③ 2組の角が，それぞれ等しい。

相似な図形は，対応する頂点を順に並べて表すよ。

ミス注意！

証明をするときは，対応する辺や頂点をまちがえないように気をつけよう！

5章 図形と相似

1節 図形と相似

⏱20分

/11問中

1 🔍**よく出る** 相似な図形 右の図で，△ABC∽△DEF であるとき，次の問いに答えなさい。

(1) △ABC と △DEF の相似比を求めなさい。

(2) AC の長さを求めなさい。

(3) ∠E の大きさを求めなさい。

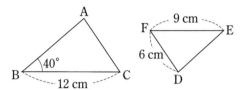

2 三角形の相似条件 下の⑦〜⑦の三角形を，相似な三角形の組（3つあります）に分け，そのとき使った相似条件をいいなさい。

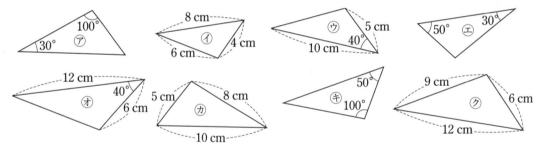

3 🔍**よく出る** 相似条件と証明 ∠C＝90° の △ABC で，
C から斜辺 AB に垂線 CD をひきます。

(1) △ABC∽△CBD となることを証明しなさい。

(2) CD の長さを求めなさい。

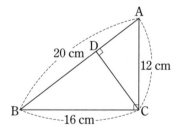

3 (2) △ABC∽△CBD より，対応する辺の長さの比を使って求める。

2節 平行線と線分の比

テストに出る! 教科書の **ココ**が**要点**

さらっとまとめ（赤シートを使って，□に入るものを考えよう。）

1 平行線と線分の比 教 p.133～p.141

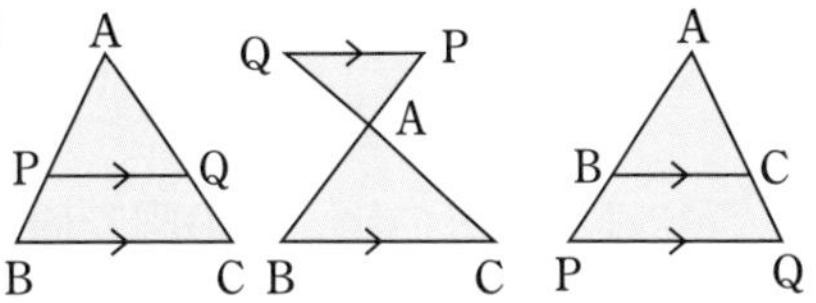

・図1で，PQ∥BC ならば，

AP：AB= $\boxed{\text{AQ}}$ ：AC= $\boxed{\text{PQ}}$ ：BC

AP：PB=AQ： $\boxed{\text{QC}}$

・逆に，AP：AB=AQ：AC または AP：PB=AQ：QC ならば，PQ∥ $\boxed{\text{BC}}$

・図2で，直線 p，q，r が平行ならば，

$a：b=$ $\boxed{a'}$ $：b'$ 　$a：a'=$ $\boxed{b}$ $：b'$

図1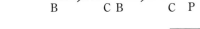

図2

2 中点連結定理 教 p.142～p.143

・△ABC の2辺 AB，AC の中点を，それぞれ M，N とすると，

MN $\boxed{\text{∥}}$ BC，MN= $\boxed{\dfrac{1}{2}}$ BC

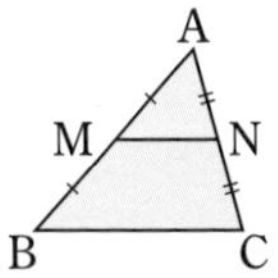

スピード確認（□に入るものを答えよう。答えは，下にあります。）

1
- □ 図1で，5：15=x： $\boxed{①}$ より，

$x=$ $\boxed{②}$

- □ 図1で，5： $\boxed{③}$ =y：18 より，

$y=$ $\boxed{④}$

- □ 図2で，8：$x=$ $\boxed{⑤}$ ：9 より，

$x=$ $\boxed{⑥}$

- □ 図3で，直線 p，q，r が平行のとき，

10： $\boxed{⑦}$ =x：4 より，$x=$ $\boxed{⑧}$

図1 （PQ∥BC）
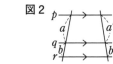

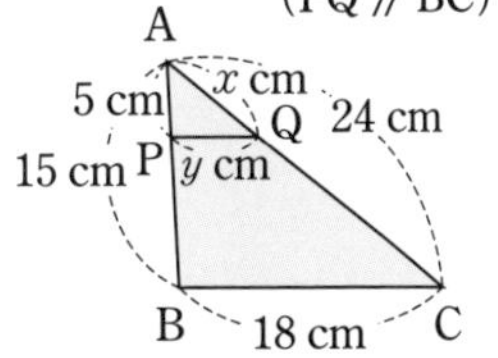

図2 （PQ∥BC）

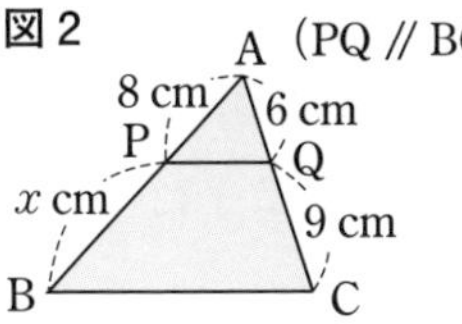

図3

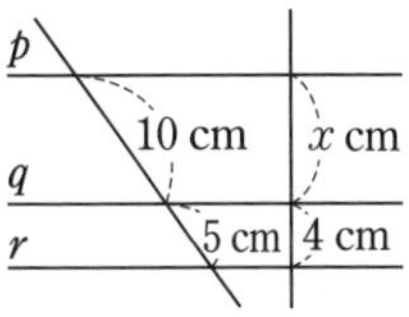

2
- □ 右の図で，点 M，N がそれぞれ辺 AB，AC の中点であるとき， $\boxed{⑨}$ 定理より，

MN $\boxed{⑩}$ BC，MN=$\dfrac{1}{2}$BC= $\boxed{⑪}$ cm

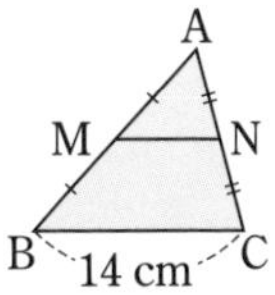

① _____
② _____
③ _____
④ _____
⑤ _____
⑥ _____
⑦ _____
⑧ _____
⑨ _____
⑩ _____
⑪ _____

答 ①24 ②8 ③15 ④6 ⑤6 ⑥12 ⑦5 ⑧8 ⑨中点連結 ⑩∥ ⑪7

基礎力UP テスト対策問題

1 平行線と線分の比 (1)
右の図で，**PQ∥BC**
のとき，x，y の値を，
それぞれ求めなさい。

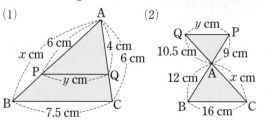

思い出そう！

$a : b = c : d$
ならば，$ad = bc$

2 平行線と線分の比　下の図で直線 p，q，r，s が平行のとき，x，y の値を求めなさい。

(1)
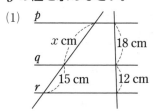

(2)
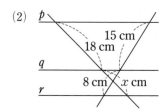

(3)
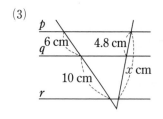

(4)
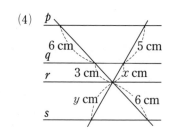

絶対に覚える！

■平行線にはさまれた線分の比
$a : b = a' : b'$

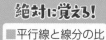

絶対に覚える！

■平行線と線分の比
$a : b = c : d$
$a : e = c : f$

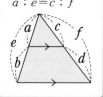

3 平行線と線分の比　右の図の DE，
EF，FD のうち，△ABC の辺に平行
な線分はどれですか。

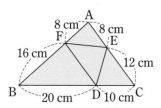

4 中点連結定理　右の図の △ABC で，
点 D，E，F はそれぞれ，辺 BC，CA，
AB の中点です。△DEF の周の長さを
求めなさい。

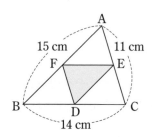

4 中点連結定理を使って，DE，EF，FD の長さを求める。

テストに出る！
予想問題

5章 図形と相似
2節 平行線と線分の比

⏱20分

/12問中

1 🔍**よく出る**　平行線と線分の比　下の図で，DE∥BC のとき，x，y の値を，それぞれ求めなさい。

(1)

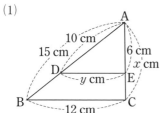

(2)

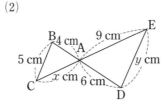

(3)

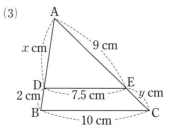

2 縮小した図形　右の図で，点Oを中心として △ABC を $\dfrac{1}{2}$ に縮小した △A′B′C′ をかきなさい。

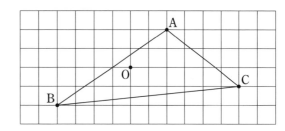

3 角の二等分線

右の図で，印をつけた角の大きさが等しいとき，x の値を，それぞれ求めなさい。

(1)

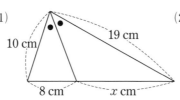

(2)

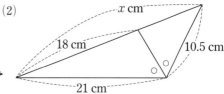

4 中点連結定理　右の図で，AD∥BC であり，点 E，F はそれぞれ AB，DB の中点，点Gは EF の延長と DC の交点です。

(1) EF の長さを求めなさい。

(2) EG の長さを求めなさい。

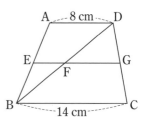

5 中点連結定理　右の図のように，四角形 ABCD の辺 AD，BC，および対角線 BD，AC の中点をそれぞれ P，Q，R，S とするとき，四角形 PRQS は平行四辺形となることを証明しなさい。

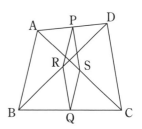

4 (2) EF∥AD，AD∥BC から，EF∥BC となることを利用する。
5 中点連結定理から，平行四辺形になる条件の中で使えるものがないかを考える。

5章 図形と相似

3節 相似な図形の計量　4節 相似の利用

テストに出る！ 教科書の **ココ**が**要点**

さらっとまとめ （赤シートを使って，□に入るものを考えよう。）

1 相似な図形の面積 教 p.146〜p.148

・相似な2つの図形で，相似比が $m:n$ ならば，面積の比は，$m^2:\boxed{n^2}$

2 相似な立体の表面積・体積 教 p.149〜p.152

・相似な立体では，対応する線分の長さの比は，すべて $\boxed{等しい}$ 。

　　　　　　　　対応する面は，それぞれ $\boxed{相似}$ である。

　　　　　　　　対応する角の大きさは，それぞれ $\boxed{等しい}$ 。

・相似な2つの立体で，相似比が $m:n$ ならば，表面積の比は，$\boxed{m^2:n^2}$

　　　　　　　　　　　　　　　　　　　　体積の比は，$\boxed{m^3:n^3}$

3 相似の利用 教 p.154〜p.155

・相似な図形の性質を利用して，いろいろな問題を解決する。

スピード確認 （□に入るものを答えよう。答えは，下にあります。）

1

□ 図1で，△ABC∽△PQR であり，
相似比は，$15:25=\boxed{①}:\boxed{②}$ であ
る。よって，△ABC と △PQR の
面積の比は，$\boxed{③}:\boxed{④}$ である。

□ 相似比が3:2の相似な2つの図形
P，Q があり，Q の面積が $20\,\mathrm{m^2}$ のとき，P の面積 $x\,\mathrm{m^2}$ は，
$x:20=3^2:2^2$ なので，$x=\boxed{⑤}$

2

□ 図2の2つの立方体PとQは相似で
あり，相似比は，
$8:10=\boxed{⑥}:\boxed{⑦}$ である。

□ 図2の2つの立方体PとQの表面積
の比は，$\boxed{⑧}:\boxed{⑨}$ である。

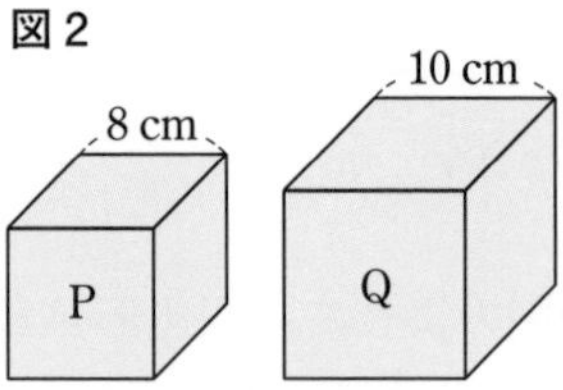

□ 図2の2つの立方体PとQの体積の
比は，$\boxed{⑩}:\boxed{⑪}$ である。

図1

P

A

25 cm

15 cm

B　C Q　　　　R

図2

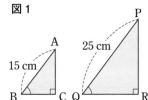

8 cm

10 cm

P

Q

①＿＿＿＿＿

②＿＿＿＿＿

③＿＿＿＿＿

④＿＿＿＿＿

⑤＿＿＿＿＿

⑥＿＿＿＿＿

⑦＿＿＿＿＿

⑧＿＿＿＿＿

⑨＿＿＿＿＿

⑩＿＿＿＿＿

⑪＿＿＿＿＿

答 ①3 ②5 ③9 ④25 ⑤45 ⑥4 ⑦5 ⑧16 ⑨25 ⑩64 ⑪125

基礎力UP テスト対策問題

1 相似な図形の面積　右の図のような2
つの円Pと円Qがあります。

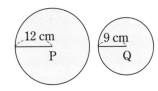

(1)　PとQの相似比を求めなさい。

(2)　PとQの面積の比を求めなさい。

(3)　PとQを右の図のように重ねました。
赤い部分の面積は黒い部分の面積の何
倍になりますか。

2 相似な立体の表面積・体積　次の問いに答えなさい。

(1)　半径が3 cmの球Oと半径が4 cmの球Pがあります。

　①　球Oと球Pの表面積の比を求めなさい。

　②　球Oと球Pの体積の比を求めなさい。

(2)　相似な2つの円錐P，Qがあり，底面の円の円周の長さの比は
5：2です。

　①　高さの比を求めなさい。

　②　Qの体積が16 cm³のとき，Pの体積は何cm³ですか。

3 相似な立体の表面積・体積
右の図で，直方体PとQは相似です。

(1)　直方体Qの表面積が208 cm²のとき，
直方体Pの表面積を求めなさい。

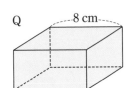

(2)　直方体Pの体積が48 cm³のとき，直
方体Qの体積を求めなさい。

---

1 半径がどんな長さ
であっても，2つの
円は相似である。

絶対に覚える！
2つの図形の相似比
が$m：n$のとき，
面積の比…$m^2：n^2$

2つの円の半径
の比は相似比と
同じだね。

2 半径がどんな長さ
であっても，2つの
球は相似である。

思い出そう！
「表面積」とは，立
体のすべての面の面
積の和のことである。

絶対に覚える！
2つの立体の相似比
が$m：n$のとき，
表面積の比…$m^2：n^2$
体積の比…$m^3：n^3$

ポイント
3のように，相似比
と一方の面積や体積
だけが与えられ，他
方の面積や体積を求
める問題がよく出題
されるので注意しよ
う。

テストに出る！

予想問題 ①

5章 図形と相似
3節 相似な図形の計量

⏱20分

／6問中

1 💡よく出る　相似な図形の相似比と面積の比　右の図において，四角形 ABCD∽四角形 EFGH です。

(1) 四角形 ABCD と四角形 EFGH の周の長さの比を求めなさい。

(2) 四角形 ABCD の面積が 75 cm² のとき，四角形 EFGH の面積を求めなさい。

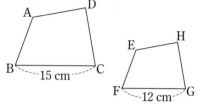

2 相似な図形の面積　右の図で，点 P，Q は △ABC の辺 AB を 3 等分する点で，それらを通る線分 PR，QS は，いずれも辺 BC に平行です。

(1) △APR の面積が 27 cm² のとき，△ABC の面積を求めなさい。

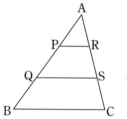

(2) △ABC の面積が 144 cm² のとき，△AQS の面積を求めなさい。

(3) 四角形 PQSR の面積が 78 cm² のとき，四角形 QBCS の面積を求めなさい。

3 相似な図形の面積　右の図の □ABCD で，点 E は辺 CD の中点です。また，点 F は AE と BC を，それぞれ延長した直線の交点，点 G は BD と AF の交点です。このとき，△FCE の面積は △ADG の面積の何倍ですか。

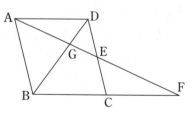

　2 △ABC は △APR と △AQS のどちらとも，相似の関係にある。

テストに出る！

予想問題 ②

5章 図形と相似
3節 相似な図形の計量　4節 相似の利用

⏱ 20分

/10問中

1 🔍 **よく出る**　相似な立体の表面積・体積　相似な2つの三角柱 P，Q があり，その表面積の
比は 9：16 です。

(1)　P と Q の相似比を求めなさい。

(2)　P の体積が 135 cm³ のとき，Q の体積を求めなさい。

2 相似な立体の体積　右の図のような深さが 20 cm の円錐の形の容器に
320 cm³ の水を入れたら，水の深さは 16 cm になりました。

(1)　水の体積は容器の容積の何倍ですか。

(2)　この容器をいっぱいにするには，あと何 cm³ の水が必要ですか。

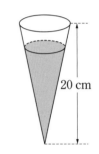

20 cm

3 相似な立体の図形　右の図で，点 M，N は三角錐 ABCD の辺
AB を3等分する点です。三角錐 ABCD を点 M，点 N を通り底面
BCD に平行な平面で3つの立体 P，Q，R に分けます。

(1)　立体 P と三角錐 ABCD の表面積の比を求めなさい。

(2)　立体 P の体積を a としたとき，立体 Q，R の体積を a を使って
表しなさい。

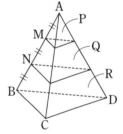

4 相似の利用　ある場所で
2点 A，B の間の距離を測
ろうとしたところ，間に建
物があって測れなかったの
で，∠APB＝90° となる点
P をとったところ，AP＝24 m，BP＝32 m でした。
相似比が 1000：1 となる △APB の縮図をかいて，実
際の AB 間の距離を求めなさい。

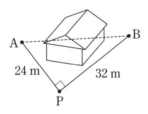

A　　　　　　　B

24 m　　　32 m

P

＜縮図＞

5 相似の利用　1.5 m の棒を地面に立てたところ，1 m の影ができました。このとき，棒の
すぐそばにあって，影の長さが 12 m である木の高さを求めなさい。

3 P，Q，R は相似ではないので注意する。
5 「棒とその影の作る三角形」と「木とその影の作る三角形」が相似である。

テストに出る！

章末予想問題 5章 図形と相似

⏱ 30分

/100点

1 下の図で，x の値を求めなさい。 7点×3〔21点〕

(1)
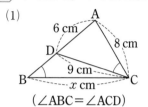
（∠ABC＝∠ACD）

(2)
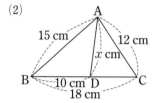

(3)
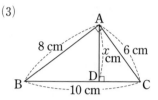

2 右の図の △ABC で，点 D，E は辺 AB を 3 等分する点，点 F は辺 AC の中点です。また，点 G は BC と DF の延長の交点です。DF＝3 cm のとき，FG の長さを求めなさい。 〔7点〕

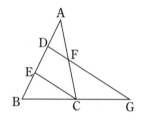

3 AD，BC，EF が平行のとき，次の問いに答えなさい。 9点×5〔45点〕

(1) 右の図について答えなさい。

① x の値を求めなさい。

② △ADG と △GHI の面積の比を求めなさい。

③ 台形 ABCD の面積は △BCG の面積の何倍になりますか。

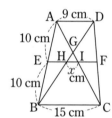

(2) 右の図について答えなさい。

① x の値を求めなさい。

② △ADE と △CBE の面積の比を求めなさい。

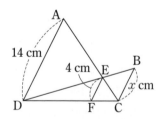

4 △ABC の ∠A の二等分線と辺 BC との交点を D とすると，AB：AC＝BD：DC となります。点 C を通り，AD に平行な直線と BA の延長との交点を E として，このことを証明しなさい。 〔9点〕

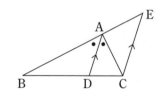

満点ゲット作戦

三角形の相似条件と平行線の線分の比について比例式をつくるとき，
対応する線分をまちがえないようにしよう。

ココが要点を再確認　もう一歩　合格

0　　　70　85　100点

5 差がつく　右の図のように，底面の半径が 12 cm，高さが
8 cm の円錐に，平面 L，M が底面に平行に交わっています。
平面 L と平面 M にはさまれた部分の体積が 156π cm² のとき，
平面 L より上の円錐の高さを求めなさい。　〔9点〕

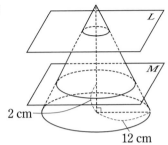

6 右の図2は，図1で示された3地点 A，B，C につ
いて，$\frac{1}{500}$ の縮図をかいたものであり，縮図における
A′B′ の長さは 7 cm です。実際の2地点 A，B 間の距
離は何 m か求めなさい。　〔9点〕

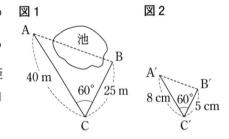

1	(1)	(2)	(3)
2			

3	(1) ①	②	③
	(2) ①	②	

4	

5	
6	

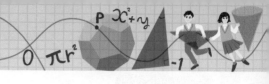

6章 円の性質

1節 円周角と中心角

テストに出る！ 教科書の **ココ** が **要点**

📖 **さらっとまとめ** (赤シートを使って，□に入るものを考えよう。)

1 円周角と中心角 **教** p.162〜p.166

・1つの弧に対する円周角の大きさは，その弧に対する中心角の大きさの 半分 である。

・同じ弧に対する円周角の大きさは 等しい 。

・図1で，∠APB=$\frac{1}{2}$ ∠AOB ， ∠APB= ∠AP′B

・図2で，AB が円Oの直径であるとき，∠APB= 90°

・1つの円で，等しい弧に対する 円周角 の大きさは等しい。

・1つの円で，等しい円周角に対する 弧 の長さは等しい。

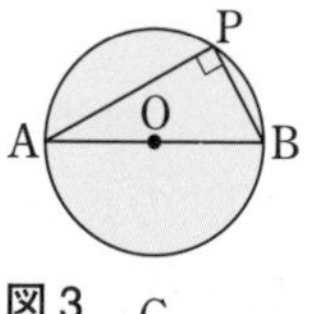

2 円周角の定理の逆 **教** p.167〜p.169

・図3のように円周上に3点 A，B，C があって，点Pが，直線 AB について点Cと同じ側にあるとき，∠APB= ∠ACB ならば，

点Pはこの円の $\overset{\frown}{ACB}$ 上にある。

図1

図2

図3

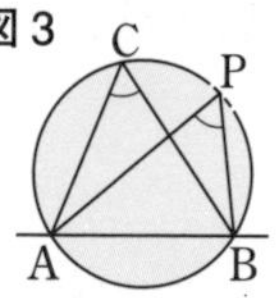

✓ **スピード確認** (□に入るものを答えよう。答えは，下にあります。)

1
□ ∠AP′B= ① °
∠AOB= ② °

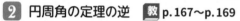

1
□ ∠APB= ③ °
∠PBA=180°−(④ °+55°)
= ⑤ °

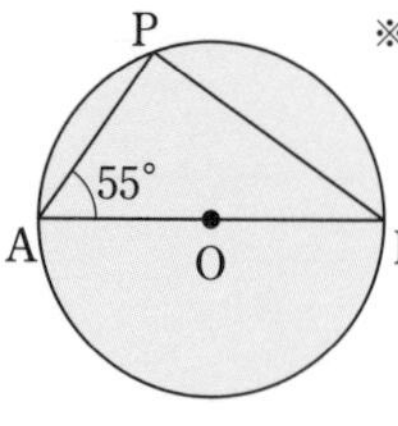

※AB は
円Oの
直径

1
□ $\overset{\frown}{AB}$=$\overset{\frown}{CD}$ ならば
∠CQD= ⑥ °

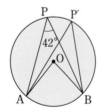

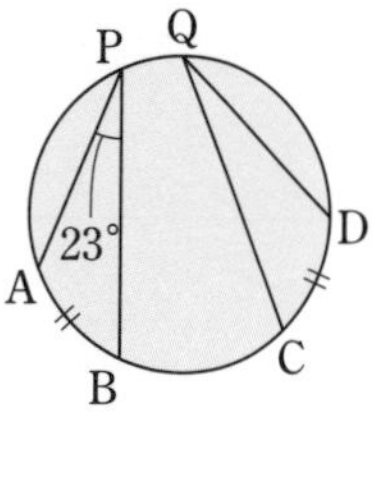

2
□ ∠APB= ⑦ =60° より，
4点 A，B，C，P は同じ
⑧ 上にある。

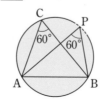

① _____
② _____
③ _____
④ _____
⑤ _____
⑥ _____
⑦ _____
⑧ _____

答 ①42 ②84 ③90 ④90 ⑤35 ⑥23 ⑦∠ACB ⑧円周

基礎力UP テスト対策問題

1 円周角と中心角　下の図で，∠x の大きさを，それぞれ求めなさい。

(1)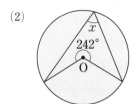

(2)

(3)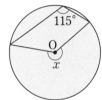

(4)

2 円周角と中心角　右の図で，$\overset{\frown}{AB}=\overset{\frown}{BC}=\overset{\frown}{CD}$ です。

(1)　∠x の大きさを求めなさい。

(2)　∠y の大きさを求めなさい。

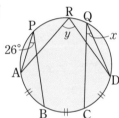

3 円周角と中心角　下の図で，AB が円Oの直径であるとき，∠x の大きさを，それぞれ求めなさい。

(1)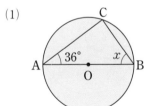

(2)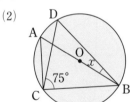

4 円周角の定理の逆　下の⑦～⑦のうち，4点 A，B，C，D が同じ円周上にあるものをすべて選びなさい。

⑦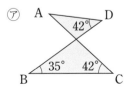
④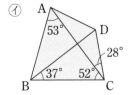
⑦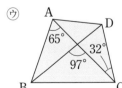

テスト対策ナビ

絶対に覚える！

円周角の定理
①円周角の大きさは中心角の大きさの半分である。
②同じ弧に対する円周角の大きさは等しい。

思い出そう！

角度を求めるときは，三角形の性質を使う場合が多い。
①内角の和は180°である。
②外角はそのとなりにない2つの内角の和に等しい。

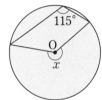

ポイント

■直径と円周角
90° ⇕ 直径

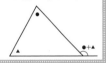

4 例えば，④では，∠BACと∠BDCの大きさが等しいかどうかを調べればよい。

テストに出る！
予想問題

6章 円の性質
1節 円周角と中心角

⏱20分

/18問中

1 🔍よく出る　円周角と中心角　下の図で，∠x の大きさを求めなさい。

(1)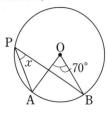

(2)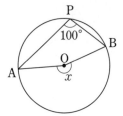

(3)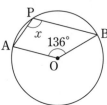

(4)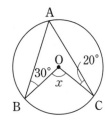

(5)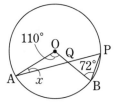

(6)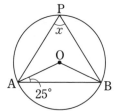

2 円周角と中心角　下の図で，∠x，∠y の大きさを，それぞれ求めなさい。

(1)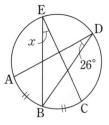

(2)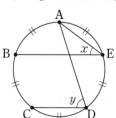

(3)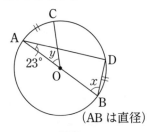

（AB は直径）

(4)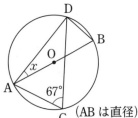

（AB は直径）

(5)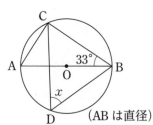

（AB は直径）

(6)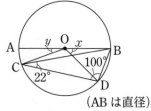

（AB は直径）

3 円周角の定理の逆　右の図について，次の問いに答えなさい。

(1) 4 点 A，B，C，D は同じ円周上にありますか。

(2) ∠x，∠y の大きさを，それぞれ求めなさい。

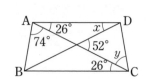

成績
UP
ナビ

1 (6)　△AOB は AO＝BO の二等辺三角形である。
2 (3)(4)は △ABD，(5)は △ABC が直角三角形になることに着目する。

2節 円の性質の利用

テストに出る！ **教科書の ココ が 要点**

さらっとまとめ （赤シートを使って，□に入るものを考えよう。）

1 円の接線の作図 教 p.173

・図1で，点Aを通る円Oの接線を作図するには，

① 線分 AO の 中点 M をとる。

② M を中心として，MO を 半径 とする円 M をかく。

③ 円 M と円Oの交点を，P，P′ とすると，

　直線 AP，AP′ が接線となる。

2 円周角の定理を利用した証明 教 p.174

・図2において，△PAB∽△PDC を証明すると，

　△PAB と △PDC で，

　　$\overgroup{BC}$ に対する円周角だから，∠BAP=∠ CDP …①

　　$\overgroup{AD}$ に対する円周角だから，∠ABP=∠ DCP …②

　①，②から，2組の角 が，それぞれ等しいので，

　　　△PAB∽△PDC

図1

A•

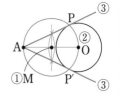

図2

スピード確認 （□に入るものを答えよう。答えは，下にあります。）

1 図1で，点Pを通る円Oの接線を作図するには，まず線分 ① の中点 M をとる。次に，M を中心として ② を半径とする円 M をかく。円 M と円Oの交点をそれぞれ Q，Q′ とすると，2点 P，Q を通る直線と2点 P，Q′ を通る直線が求める接線である。

図1

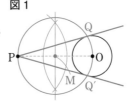

①_____

②_____

③_____

④_____

2 図2で，△PAC∽△PDB であることを証明する。$\overgroup{CB}$ に対する円周角だから，

　　∠CAP= ③ …①

　$\overgroup{AD}$ に対する円周角だから，

　　∠ACP= ④ …②

　①，②から，2組の角が，それぞれ等しいので，

　　　△PAC∽△PDB

図2

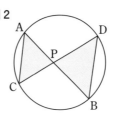

答 ①PO ②MO(MP) ③∠BDP ④∠DBP

基礎力UP テスト対策問題

1 円の接線の作図　下の図において，次のものを作図しなさい。

(1) 線分 AO の垂直二等分線と線分 AO との交点 O′

(2) 点 O′ を中心とし，AO′ を半径とする円 O′

(3) 点Aを通る円Oの接線

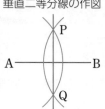
2 円の接線　右の図で，直線 AP，AP′ はともに円Oの接線です。このとき，AP＝AP′ が成り立つことを証明しなさい。

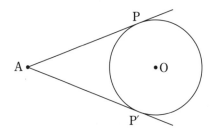

3 円周角の定理を使った証明　右の図について，次の問いに答えなさい。

(1) △PAD∽△PCB となることを証明しなさい。

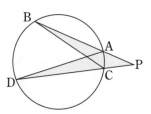

(2) PA：PD＝PC：PB という関係が成り立つことを証明しなさい。

3 (3) (2)で証明した比例式から，まず，PD の長さを求める。

(3) PA＝6 cm，PB＝20 cm，PC＝5 cm のとき，CD の長さを求めなさい。

テストに出る！
予想問題

6章 円の性質
2節 円の性質の利用

⏱ 20分

／7問中

1 円の接線　下の図で，AP，AP′ はともに円Oの接線です。∠x の大きさを求めなさい。

(1)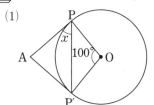

(2)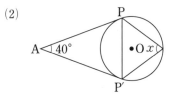

(3)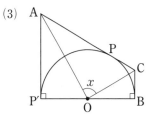

2 🔍**よく出る**　円周角の定理を使った証明　右の図で，A，B，C は円周上の点です。∠ABC の二等分線をひき，弦 AC および円との交点をそれぞれ D，E とします。このとき，△ABE∽△DAE となります。このことを証明しなさい。

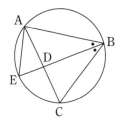

3 円周角の定理を使った証明　右の図のように，円周上に5点 A，B，C，D，E があり，点Pは AC と DB の交点，点Qは AD と EC を延長した線の交点です。

(1)　AD∥BC ならば，⌒AB＝⌒CD となることを証明しなさい。

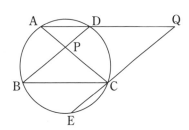

(2)　CQ：DQ＝6：5，AQ＝12 cm のとき，EQ の長さを求めなさい。

4 円周角の定理を使った証明　右の図のように，AR を直径とする円Oの周上の1点Aから弦 AB，AC をひき，それぞれの中点をP，Qとするとき，4点 A，O，P，Q は同じ円周上にあることを証明しなさい。

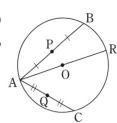

1 (1)　△OPP′ は二等辺三角形であることと，∠OPA＝90° であることに着目する。
　　(3)　OとPを結び，△AP′O≡△APO，△CBO≡△CPO となることに着目する。

テストに出る！

章末予想問題

6章 円の性質

⏱ 30分

/100点

1 1つの円で，次の大きさの弧に対する円周角を求めなさい。 5点×2〔10点〕

(1) 円周の $\frac{1}{4}$ の弧

(2) 円周の $\frac{7}{12}$ の弧

2 下の図で，∠x の大きさを，それぞれ求めなさい。 5点×6〔30点〕

(1)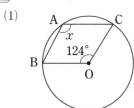

(2)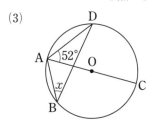

(3)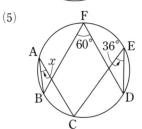

(4)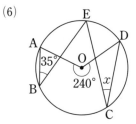

(5)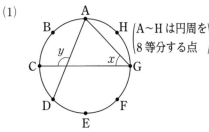

(6)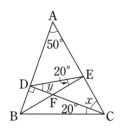

3 下の図で，∠x，∠y の大きさを，それぞれ求めなさい。 5点×4〔20点〕

(1)

A〜Hは円周を8等分する点

(2)

4 右の図の平行四辺形 ABCD を，対角線 BD を折り目として折り，点Cが移動した点をPとします。

このとき，∠ABP＝∠ADP となります。「同じ弧に対する円周角の大きさは等しい」ことを使って，このことを証明しなさい。 〔10点〕

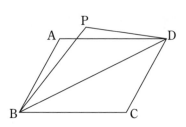

満点ゲット作戦

等しい円周角や等しい弧，半円の弧に対する円周角に注目しよう。
三角形の相似の証明問題では，等しい2組の角に着目しよう。

ココが**要点**を再確認　　もう一歩　合格
0　　　　　　70　85　100点

5 右の図の △ABC は，AB＝AC の二等辺三角形で，周の長さは
56 cm です。また，3つの辺が円Oに点 P，Q，R で接しています。
　　　　　　　　　　　　　　　　　　　　　　7点×2〔14点〕

(1)　AP＝16 cm のとき，辺 BC の長さを求めなさい。

(2)　AP：BP＝3：2 のとき，線分 AP の長さを求めなさい。

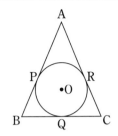

6 差がつく　右の図で，A，B，C，D は円の周上の点
で AB＝AC です。AD と BC の延長の交点を E と
します。　　　　　　　　　　　8点×2〔16点〕

(1)　△ADB∽△ABE となることを証明しなさい。

(2)　AD＝4 cm，AE＝9 cm のとき，AB の長さを求
めなさい。

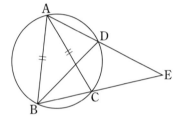

1	(1)	(2)	
2	(1)	(2)	(3)
	(4)	(5)	(6)
3	(1) ∠x＝　　∠y＝	(2) ∠x＝　　∠y＝	
4			
5	(1)	(2)	
6	(1)		
		(2)	

7章 三平方の定理

1節 直角三角形の３辺の関係

テストに出る！ 教科書の **ココ**が**要点**

📖 さらっとまとめ （赤シートを使って，□に入るものを考えよう。）

1 三平方の定理 教 p.182〜p.184

・直角三角形の直角をはさむ２辺の長さを a，b，斜辺の長さを c とすると，$a^2+b^2=\boxed{c^2}$ ……①

・上の①は，$BC^2+CA^2=\boxed{AB^2}$ のように書くこともある。

(注) 三平方の定理は，ギリシャの数学者ピタゴラスにちなんで，「ピタゴラスの定理」ともよばれる。

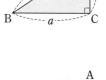

2 三平方の定理の逆 教 p.185〜p.187

・$\triangle ABC$ で，$BC=a$，$CA=b$，$AB=c$ とするとき，$a^2+b^2=c^2$ ならば，$\angle\boxed{C}=90°$

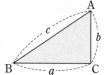

✅ スピード確認 （□に入るものを答えよう。答えは，下にあります。）

1

□ 図１の直角三角形で，$a=3$，$b=2$ ならば，$3^2+2^2=c^2$
$$c^2=\boxed{①}$$
$c>0$ だから，$c=\boxed{②}$

□ 図１の直角三角形で，$b=5$，$c=11$ ならば，$a^2+5^2=11^2$
$$a^2=\boxed{③}$$
$a>0$ だから，$a=\boxed{④}$

□ 図１の直角三角形で，$c^2=a^2+b^2$ が成り立つから，
$c>0$ より，$c=\sqrt{a^2+b^2}$
同様にして，$a^2=c^2-b^2$，$b^2=c^2-a^2$
より，$a=\boxed{⑤}$，$b=\boxed{⑥}$

図1
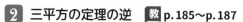

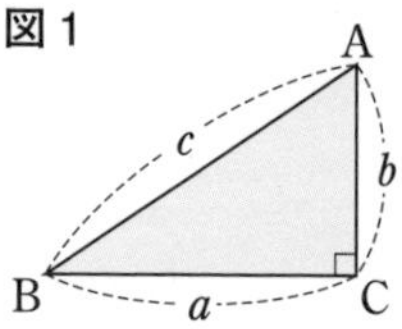

① ____
② ____
③ ____

求めるのは斜辺の長さなのか直角をはさむ辺なのかよく確かめてから求めよう。

④ ____
⑤ ____
⑥ ____
⑦ ____
⑧ ____
⑨ ____
⑩ ____

2

□ 図２の三角形で，$a=12$，$b=9$，$c=15$ ならば，$a^2+b^2=12^2+9^2=\boxed{⑦}$，$c^2=\boxed{⑧}$ だから，$a^2+b^2=\boxed{⑨}$ が成り立つので，$\triangle ABC$ は $\boxed{⑩}$ 三角形である。

図2
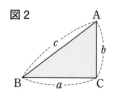

答 ▶ ①13 ②$\sqrt{13}$ ③96 ④$4\sqrt{6}$ ⑤$\sqrt{c^2-b^2}$ ⑥$\sqrt{c^2-a^2}$ ⑦225 ⑧225 ⑨c^2 ⑩直角

基礎力UP テスト対策問題

1 三平方の定理　下の図の直角三角形で，残りの辺の長さを求めなさい。

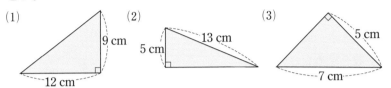

(1)　9 cm　12 cm

(2)　13 cm　5 cm

(3)　5 cm　7 cm

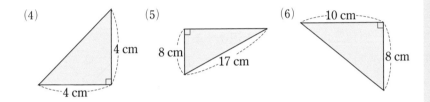

(4)　4 cm　4 cm

(5)　8 cm　17 cm

(6)　10 cm　8 cm

2 三平方の定理　次の図形の対角線の長さを求めなさい。

(1)　縦が 4 cm，横が 8 cm の長方形

(2)　1 辺が 6 cm の正方形

3 三平方の定理の逆　次の長さを 3 辺とする三角形のうち，直角三角形になるものをすべて選びなさい。

ア　4 cm，8 cm，9 cm　　　イ　12 cm，16 cm，20 cm

ウ　$\sqrt{3}$ cm，$\sqrt{7}$ cm，$\sqrt{10}$ cm　エ　$\sqrt{3}$ cm，1 cm，2 cm

オ　6 cm，$\sqrt{10}$ cm，$3\sqrt{3}$ cm　　カ　$3\sqrt{2}$ cm，$6\sqrt{2}$ cm，$3\sqrt{6}$ cm

4 三平方の定理の逆　右の図の △ABC で，
∠B＝90° であることを証明しなさい。

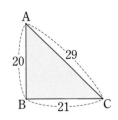

A　29　20　B　21　C

テストに出る！

予想問題

7章 三平方の定理
1節 直角三角形の3辺の関係

🕐 20分

/10問中

1 三平方の定理　直角三角形の直角をはさむ2辺の長さを a, b, 斜辺の長さを c としたとき，直角三角形ア〜エについて，①〜④にあてはまる数を求めなさい。

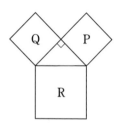

	ア	イ	ウ	エ
a	2	②	15	④
b	2	4	③	$\sqrt{23}$
c	①	$2\sqrt{6}$	17	$4\sqrt{3}$

2 三平方の定理　右の図は，直角三角形の各辺を1辺とする正方形をかいたものです。正方形Qが24 cm²，Rが49 cm²のとき，Pの1辺の長さを求めなさい。

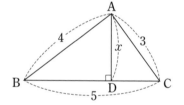

3 🔎よく出る　三平方の定理　右の図の △ABC について，次の問いに答えなさい。

(1) BD$=a$，CD$=5-a$ として，x^2 を a を使って2通りの式で表しなさい。

(2) a の値を求めなさい。

(3) x の値を求めなさい。

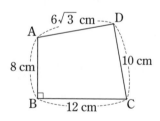

4 三平方の定理の逆　右の図の四角形 ABCD について，次の問いに答えなさい。

(1) ∠ADC$=90°$ であることを証明しなさい。

(2) 四角形 ABCD の面積を求めなさい。

成績

3 (1) △ABD，△ACD のそれぞれについて，三平方の定理を用いる。
4 (1) まず，対角線 AC をひき，△ABC で三平方の定理を用いて AC² を求める。

2節 三平方の定理の利用

テストに出る! 教科書の **ココ** が **要点**

さらっとまとめ （赤シートを使って，□に入るものを考えよう。）

1 平面図形への利用 教 p.189〜p.194

・図1の直角二等辺三角形 ABC で，

$\text{AB}:\text{CA}=1:\boxed{\sqrt{2}}$, $\text{BC}:\text{CA}=1:\boxed{\sqrt{2}}$

・図2の 90°，30°，60° の直角三角形 ABC で，

$\text{AB}:\text{CA}:=1:\boxed{2}$, $\text{BC}:\text{CA}=\boxed{\sqrt{3}}:2$

・図3の円Oにおいて，弦 AB の長さは，

$\text{AB}=2\sqrt{\boxed{\text{OA}}^2-\boxed{\text{OH}}^2}$

・図4において，2点 A(a, b)，B(c, d) 間の距離は，

$\text{AB}=\sqrt{(a-\boxed{c})^2+(b-\boxed{d})^2}$

2 空間図形への利用 教 p.195〜p.196

・縦，横，高さがそれぞれ a，b，c の直方体の対角線の長さは $\boxed{\sqrt{a^2+b^2+c^2}}$

・1辺が a である立方体の対角線の長さは $\boxed{\sqrt{3}\,a}$

・図形の問題では，補助線をひいて直角三角形をつくり，三平方の定理を利用する。

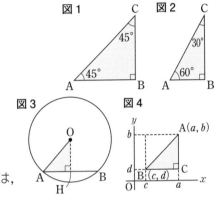

スピード確認 （□に入るものを答えよう。答えは，下にあります。）

1

□ 図1は直角二等辺三角形なので，

$5:x=1:\boxed{①}$ だから，

$x=5\times\boxed{①}\div1=\boxed{②}$

① _____

② _____

③ _____

□ 図2は 90°，30°，60° の直角三角形なので，

$6:y=2:\boxed{③}$

$y=6\times\boxed{③}\div2=\boxed{④}$

④ _____

⑤ _____

□ 2点 $(1, -1)$, $(4, 4)$ 間の距離は $\boxed{⑤}$

□ 図3で，△OAH に着目すると，

$\text{AH}=\boxed{⑥}$ cm より，$\text{AB}=2\text{AH}=\boxed{⑦}$ cm

⑥ _____

⑦ _____

⑧ _____

⑨ _____

2

□ 縦 3 cm, 横 6 cm, 高さ 2 cm の直方体の対角線の長さは $\boxed{⑧}$ cm

□ 1辺の長さが 4 cm である立方体の対角線の長さは $\boxed{⑨}$ cm

答 ①$\sqrt{2}$ ②$5\sqrt{2}$ ③$\sqrt{3}$ ④$3\sqrt{3}$ ⑤$\sqrt{34}$ ⑥8 ⑦16 ⑧7 ⑨$4\sqrt{3}$

基礎力UP テスト対策問題

1 平面図形への利用　下の図で，x，y の値を，それぞれ求めなさい。

(1)
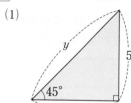

(2)
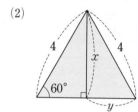

2 平面図形への利用　下の図で，x の値を求めなさい。

(1)
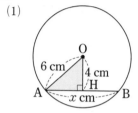

(2)
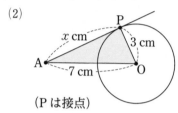

（P は接点）

3 平面図形への利用　次の(1)，(2)について，2 点 A，B の間の距離を求めなさい。

(1) 右の図の 2 点 A，B

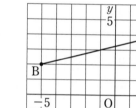

(2) A$(-2, 3)$，B$(3, -4)$

4 空間図形への利用　下の図の直方体や立方体の対角線 AG の長さを求めなさい。

(1)
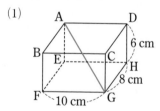

(2)
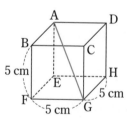

5 空間図形への利用　右の図のような，底面の半径が 3 cm，母線の長さが 6 cm である円錐について，次のものを求めなさい。

(1) 高さ　　(2) 体積

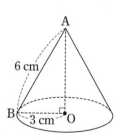

絶対に覚えろ！

三角定規の 3 辺の長さの割合

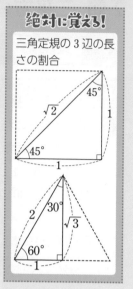

思い出そう！

・円の中心から弦にひいた垂線は弦を 2 等分する。
・円の接線は接点を通る半径に垂直。

「直角」を見つけたら，三平方の定理の利用を考えよう。

テストに出る！

予想問題

7章 三平方の定理
2節 三平方の定理の利用

⏱20分

/11問中

1 💡**よく出る**　平面図形への利用　次の図形の面積を求めなさい。

(1) 正三角形 ABC

(2) 二等辺三角形 ABC

(3) 正方形 ABCD

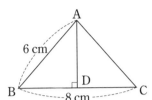
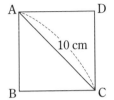

2 平面図形への利用　次の問いに答えなさい。

(1) 次の2点の間の距離を求めなさい。

① $(2, 4)$, $(-1, -5)$

② $(-3, 1)$, $(9, 6)$

(2) 右の図のような，半径が12cmの円Oがあり，弦ABは $12\sqrt{2}$ cm であり，点Pは円Oの円周上の点です。次の問いに答えなさい。

① 中心Oから弦ABまでの距離を求めなさい。

② ∠APB を求めなさい。

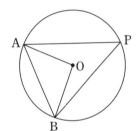

3 空間図形への利用　右の図の正四角錐について，次のものを求めなさい。

(1) 高さ OH

(2) 体積

(3) 表面積

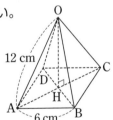

4 空間図形への利用　右の図のように，半径6cmの球Oを，中心Oから4cmの距離にある平面で切ったとき，切り口の図形は円になります。切り口の円 O′ の半径を求めなさい。

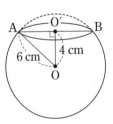

3 (1) まず AH を求め，△OAH で三平方の定理を使う。

(3) 正四角錐は正方形と二等辺三角形4つに囲まれている。

テストに出る!

章末予想問題 7章 三平方の定理

① 30分

/100点

1 下の図で，(1)は △ABC，(2)は四角形 ABCD の面積を求めなさい。　5点×2〔10点〕

(1)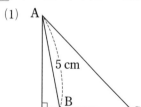

(2)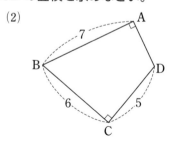

2 右の図の △ABC について，次のものを求めなさい。6点×2〔12点〕

(1) 高さ AH

(2) 面積

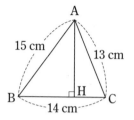

3 頂点の座標が，A(2, 2)，B(−4, −2)，C(6, −4) である △ABC があります。　6点×3〔18点〕

(1) 辺 BC の長さを求めなさい。

(2) △ABC はどんな三角形ですか。

(3) △ABC の面積を求めなさい。

4 下の図で，x の値を求めなさい。　6点×2〔12点〕

(1)

O
x cm　4 cm
A　H　B
(AB＝8 cm)

(2)

A
10 cm
O　x cm　6 cm　P
(PA は円 O の接線)
(点 A はその接点)

満点ゲット作戦

三平方の定理を使えるように，問題の図の中や，立体の側面や断面にある直角三角形に注目しよう。

ココが要点を再確認　もう一歩　合格
0　　　　　　70　85　100点

⑤ **差がつく** 次の問いに答えなさい。　　　　　　8点×6〔48点〕

(1) 右の図の直方体について，次の問いに答えなさい。

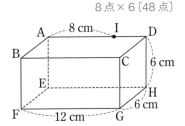

① 対角線 BH の長さを求めなさい。

② 線分 FI の長さを求めなさい。

(2) 右の図は円錐の展開図です。これを組み立ててできる円錐について，次の問いに答えなさい。

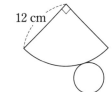

① 底面の半径を求めなさい。

② 体積を求めなさい。

③ 円錐の底面の円周上に点Aをとり，右の図のようにひもをもっとも短くなるようにかけるとき，ひもの長さは何 cm になりますか。

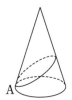

(3) 右の図の △ABC について，直線 BC を回転の軸として 1 回転させてできる立体の体積を求めなさい。

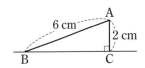

1	(1)		(2)		
2	(1)		(2)		
3	(1)	(2)		(3)	
4	(1)		(2)		
5	(1) ①		②		
	(2) ①	②		③	
	(3)				

1節 標本調査

テストに出る! 教科書の **ココ**が**要点**

さらっとまとめ（赤シートを使って，□に入るものを考えよう。）

1 標本調査 教 p.203～p.211

・ 全数調査 …集団のすべてを対象として調査すること。

・ 標本調査 …集団の一部を対象として調査すること。

・全数調査をおこなうと多くの時間や費用がかかったり，製品をこわすおそれがある場合には， 標本 調査がおこなわれる。

・標本調査をするとき，調査の対象となるもとの集団を 母集団 ，取り出した一部の集団を 標本 という。また，標本となった人やものの数のことを， 標本の大きさ という。

・母集団からかたよりなく標本を取り出すことを 無作為 に抽出するという。

2 標本調査の活用 教 p.212～p.213

・身のまわりの疑問を解決するために，標本調査を行い，結果から推定する。

スピード確認（□に入るものを答えよう。答えは，下にあります。）

1

□ ある工場で製造された 8000 個の食品から無作為に 250 個を抽出して，品質保持期限の調査をおこなうことになった。このような調査を ① 調査といい，母集団は，「この工場で製造された ② 個の食品」，標本の大きさは ③ である。

□ 上のような品質保持期限の調査をすべての食品についておこなうと，商品として売ることができる食品がなくなってしまう。したがって，8000 個の食品すべてを対象とする ④ 調査をおこなうことは不可能である。

2

□ 黒玉と白玉が合わせて 3000 個入っている箱から 100 個の玉を無作為に抽出したところ，黒玉が 5 個ふくまれていた。このとき，無作為に抽出した玉の中にふくまれる黒玉の割合は，$\frac{5}{100}=$ ⑤ である。したがって，箱の中全体の玉のうち，黒玉の総数は，およそ，$3000 \times$ ⑥ $=$ ⑦ （個）と推定される。母集団における黒玉の割合と標本における黒玉の割合を等しいとみなして推定する。

① _____
② _____
③ _____
④ _____
⑤ _____
⑥ _____
⑦ _____

答 ①標本 ②8000 ③250 ④全数 ⑤$\frac{1}{20}$ ⑥$\frac{1}{20}$ ⑦150

テストに出る！
予想問題

8章 標本調査とデータの活用
1節 標本調査

⏱ 20分

/11問中

1 💡よく出る 標本調査 次の調査は，全数調査と標本調査のどちらでおこなわれますか。
(1) 学校での体力測定
(2) 野球のテレビ中継の視聴率調査

(3) 電球の耐久検査
(4) ある湖にすむ魚の数の調査

2 標本調査 ある都市の中学生全員から，350人を無作為に抽出してアンケート調査をおこなうことになりました。
(1) 母集団は何ですか。
(2) 標本の大きさを答えなさい。

(3) 350人を無作為に抽出する方法として適切なものを選び，記号で答えなさい。
　⑦ テニス部に所属している中学生の中から，くじ引きで350人を選ぶ。
　④ アンケートに答えたい中学生を募集し，先着順で350人を選ぶ。
　⑨ 中学生全員に番号をつけ，乱数表を用いて350人を選ぶ。

3 標本調査の利用 生徒数320人のある中学校で，生徒40人を無作為に抽出してアンケート調査をおこなったところ，毎日1時間以上予習をしている生徒が6人いました。この中学校の生徒全体で毎日1時間以上予習をしているのは，およそ何人と推定されますか。

4 標本調査の利用 ある池にいる魚の数を調べるために，池の10か所にえさを入れたわなをしかけて魚を300匹捕獲し，その全部に印をつけて池にもどします。1週間後に同じようにして魚を240匹捕獲したところ，その中に印のついた魚が30匹いました。この池全体の魚の数は，およそ何匹と推定されますか。

5 標本調査の利用 900ページの辞典に載っている見出しの単語の数を調べるために，10ページを無作為に抽出し，そこに載っている見出しの単語の数を調べると，下のようになりました。
　64，62，68，76，59，72，75，82，62，69（語）
(1) 抽出した10ページに載っている見出しの単語の数の1ページあたりの平均を求めなさい。

(2) この辞典に載っている見出しの単語の数は，およそ何万何千語と推定されますか。

成績UPナビ

3 生徒の総数と毎日1時間以上予習をしている生徒の数の割合を考える。
5 何万何千語と聞かれているので，百の位を四捨五入する。

章末予想問題　8章　標本調査とデータの活用

⏱ 15分

/100点

1 次の調査は，全数調査と標本調査のどちらでおこなわれますか。　12点×4〔48点〕

(1) 缶詰の品質調査

(2) 空港での手荷物検査

(3) あるクラスの出欠の調査

(4) 市長選挙での出口調査

2 ある学校の生徒全員について勉強に対する意識調査をおこなうことになりました。標本の選び方として適切なものを選び，記号で答えなさい。　〔12点〕

　⑦　期末テストの点数が平均点に近い人から 20 人を選ぶ。

　④　20 本の当たりが入ったくじを生徒全員にひいてもらって 20 人を選ぶ。

　⑨　女子の中からじゃんけんで 20 人を選ぶ。

3 箱の中に，赤，緑，青，白の 4 色のチップが合わせて 600 枚入っています。この箱の中から無作為に 60 枚を抽出し，それぞれの枚数を数えたところ，赤が 12 枚，緑が 16 枚，青が 13 枚，白が 19 枚でした。このとき，箱の中の緑と白のチップの合計はおよそ何枚と推定されますか。　〔20点〕

4 差がつく　袋の中に黒い碁石だけがたくさん入っています。同じ大きさの白い碁石 60 個をこの袋の中に入れ，よくかき混ぜた後，その中から 40 個の碁石を無作為に抽出して調べたら，白い碁石が 15 個ふくまれていました。はじめに袋の中に入っていた黒い碁石の個数は，およそ何個と推定されますか。　〔20点〕

1	(1)	(2)
	(3)	(4)
2		
3		
4		

中間・期末の攻略本
解答と解説

取りはずして使えます！

啓林館版　数学3年

1章　式の展開と因数分解

p.3　テスト対策問題

1 (1) $6a^2+8ab$　　(2) $-20a^2+8ab$

(3) $2x-1$　　(4) $-9x+3$

2 (1) $xy+3x+5y+15$

(2) $ab+2a-b-2$

(3) x^2-x-6　　(4) $3a^2-25ab+42b^2$

(5) $a^2-3ab+6a-12b+8$

(6) $x^2-4y^2-3x+6y$

3 (1) $x^2-2x-24$　　(2) $x^2+18x+81$

(3) $a^2-6ab+9b^2$　　(4) $9a^2-49$

(5) $x^2-\dfrac{2}{15}x-\dfrac{1}{15}$　(6) $x^2-11x+38$

(7) $a^2+2ab+b^2-4a-4b-12$

(8) $x^2-2xy+y^2+6x-6y+9$

解説

3 (6) $2(x-3)^2-(x+4)(x-5)$

$=2(x^2-6x+9)-(x^2-x-20)$

$=2x^2-12x+18-x^2+x+20$

$=x^2-11x+38$

(7) $a+b$ を M とすると，

$(a+b-6)(a+b+2)$

$=(M-6)(M+2)$

$=M^2-4M-12$

$=(a+b)^2-4(a+b)-12$

$=a^2+2ab+b^2-4a-4b-12$

p.4　予想問題

1 (1) $-18a^2b+10ab^2$　(2) $3x^2+12xy-3x$

(3) $-4b+3b^2$　　(4) $27x-18y$

2 (1) $ac+ad-bc-bd$

(2) $12x^2-19xy+4y^2$

(3) $2a^2-ab-b-2$

---

(4) $x^2-xy-12y^2+x-4y$

3 (1) $a^2-ab-20b^2$　(2) $\dfrac{1}{16}a^2+a+4$

(3) $4x^2+44xy+121y^2$

(4) $a^2-\dfrac{2}{3}ab+\dfrac{1}{9}b^2$

(5) $x^2-\dfrac{1}{36}$　　(6) $-9a^2+16b^2$

4 (1) $2x^2+2x-8$

(2) $x^2-6xy+9y^2-5x+15y$

解説

1 (4) $(-18x^2y+12xy^2)\div\left(-\dfrac{2}{3}xy\right)$

$=-18x^2y\times\left(-\dfrac{3}{2xy}\right)+12xy^2\times\left(-\dfrac{3}{2xy}\right)$

$=27x-18y$

2 (4) $(x+3y+1)(x-4y)$

$=x(x-4y)+3y(x-4y)+(x-4y)$

$=x^2-xy-12y^2+x-4y$

4 (1) $(x+1)^2+(x+3)(x-3)$

$=x^2+2\times x\times1+1^2+(x^2-3^2)$

$=x^2+2x+1+x^2-9$

$=2x^2+2x-8$

(2) $x-3y$ を M とすると，

$(x-3y)(x-3y-5)$

$=M(M-5)$

$=M^2-5M$

$=(x-3y)^2-5(x-3y)$

$=x^2-6xy+9y^2-5x+15y$

p.6　テスト対策問題

1 (1) $5a(x-2y)$　　(2) $2x(4x+y-3)$

2 (1) $(x+1)(x+3)$　　(2) $(a+9)(a-8)$

(3) $(2x+5)(2x-5)$　(4) $(2a+b)^2$

(5) $(x+3)^2$　　(6) $(x-7)^2$

3 (1) $3(a+3)(a-3)$ (2) $(a-3)(x-y)$

4 (1) 2496 (2) 9604

5 (1) 1600 (2) -154

6 道の面積 S は,

$$S=(x+2z)(y+2z)-xy$$
$$=xy+2xz+2yz+4z^2-xy$$
$$=2xz+2yz+4z^2 \quad \cdots①$$

道のまん中を通る線の長さ ℓ は,

$$\ell=2(x+z)+2(y+z)=2x+2y+4z$$

よって, $z\ell=2xz+2yz+4z^2 \quad \cdots②$

①, ②から, $S=z\ell$

解説

2 (3) $4x^2-25=(2x)^2-5^2$
$$=(2x+5)(2x-5)$$

(5) $9+6x+x^2=x^2+6x+9$
$$=(x+3)^2$$

3 (1) はじめに共通因数の 3 をくくり出す。
$$3a^2-27=3(a^2-9)=3(a+3)(a-3)$$

(2) $a-3$ を M とすると,
$$(a-3)x-(a-3)y=Mx-My$$
$$=M(x-y)$$
$$=(a-3)(x-y)$$

4 (1) $48\times52=(50-2)\times(50+2)$
$$=50^2-2^2$$
$$=2496$$

(2) $98^2=(100-2)^2$
$$=100^2-2\times100\times2+2^2$$
$$=9604$$

5 (1) $x^2+6xy+9y^2=(x+3y)^2$

よって, 求める値は,
$$(7+3\times11)^2=40^2=1600$$

(2) $(x+y)(x-2y)-(x+2y)(x-y)$
$$=(x^2-xy-2y^2)-(x^2+xy-2y^2)$$
$$=-2xy$$

よって, 求める値は,
$$-2\times7\times11=-154$$

6 道の端から端までの
縦の長さは, $x+2z$,
横の長さは, $y+2z$,
道のまん中を通る線の
縦の長さは, $x+z$, 横の長さは, $y+z$,
$\ell=2(x+z)+2(y+z)$

---

p.7 予想問題

1 (1) $4xy(3x+2y-1)$

(2) $(x-1)(x-4)$

(3) $(m+12)(m-12)$

(4) $(2x-y)^2$

(5) $\left(\dfrac{1}{3}x+y\right)\left(\dfrac{1}{3}x-y\right)$

(6) $\left(a+\dfrac{1}{2}\right)^2$

(7) $(5x-1)^2$

(8) $(6m+7n)(6m-7n)$

2 (1) $3a(x+6)(x-2)$

(2) $(x-y-2)(x-y-5)$

(3) $a(b+3x)(b-3x)$

(4) $(a+b+2c)(a-b-2c)$

3 (1) 9.6 (2) 102

4 (1) -408 (2) 27

解説

2 (1) はじめに共通因数をくくり出す。
$$3ax^2+12ax-36a=3a(x^2+4x-12)$$
$$=3a(x+6)(x-2)$$

(2) $x-y$ を M とすると,
$$(x-y)^2-7(x-y)+10=M^2-7M+10$$
$$=(M-2)(M-5)$$
$$=(x-y-2)(x-y-5)$$

3 (1) $3.4^2-1.4^2$
$$=(3.4+1.4)\times(3.4-1.4)$$
$$=4.8\times2$$
$$=9.6$$

(2) $9^2-10^2+11^2$
$$=(10-1)^2-10^2+(10+1)^2$$
$$=10^2-2\times10\times1+1^2-10^2+10^2+2\times10\times1+1^2$$
$$=10^2+1^2+1^2$$
$$=102$$

4 (1) $x-2$ を M とすると,
$$(x-2)^2-(x+2)(x-2)$$
$$=M^2-M(x+2)$$
$$=M\{M-(x+2)\}$$
$$=(x-2)(x-2-x-2)$$
$$=-4(x-2)$$

よって, 求める値は,
$$-4\times(104-2)=-408$$

1 (1) $6xy-3y^2+15yz$

  (2) $-25a+15b$

2 (1) $2xy+7x-8y-28$

  (2) $3a^2+7ab-6a+4b^2-8b$

  (3) $x^2-10x+9$ (4) $1-16t^2$

  (5) $x^2-\dfrac{1}{9}$ (6) $4a^2+4ab+b^2-9$

3 (1) $3x+11$ (2) $a^2-12a+26$

4 (1) $(x-3)(x-7)$ (2) $(a+1)^2$

  (3) $(x+13)(x-13)$ (4) $(x+10)(x-1)$

  (5) $(3x-2)^2$

  (6) $\left(2m+\dfrac{1}{5}n\right)\left(2m-\dfrac{1}{5}n\right)$

  (7) $6a(x+2)(x-6)$

  (8) $(3x-1)(x-1)$

5 (1) ① 56 ② -601

  (2) -12

6 n を 4 以上の自然数とすると，差が 3 である 3 つの自然数は，$n-3$, n, $n+3$ と表される。

  $(n+3)^2-(n-3)^2$

  $=(n^2+6n+9)-(n^2-6n+9)$

  $=12n$

したがって，もっとも大きい数の 2 乗からもっとも小さい数の 2 乗をひいた数は，中央の数の 12 倍になる。

解説

2 (4) $(4t+1)(1-4t)$

  $=(1+4t)(1-4t)$

  $=1^2-(4t)^2$

  $=1-16t^2$

  (6) $2a+b$ を M とすると，

    $(2a+b+3)(2a+b-3)$

    $=(M+3)(M-3)$

    $=M^2-9$

    $=(2a+b)^2-9$

    $=4a^2+4ab+b^2-9$

4 (8) $(3x-1)^2+2x(1-3x)$

    $=(3x-1)^2-2x(3x-1)$

    $=(3x-1)(3x-1-2x)$

    $=(3x-1)(x-1)$

5 (1) ① $7.8^2-2.2^2=(7.8+2.2)(7.8-2.2)$

    $=10\times5.6=56$

  ② 300 を a とすると，$301\times299-300\times302$

    $=(a+1)(a-1)-a(a+2)=a^2-1-a^2-2a$

    $=-2a-1=-2\times300-1=-601$

  (2) $4xy-8x+2y-4$

    $=2(2xy-4x+y-2)$

    $=2\{2x(y-2)+(y-2)\}$

    $=2(2x+1)(y-2)$

    $=2\times\left(2\times\dfrac{1}{4}+1\right)\times(-2-2)$

    $=-12$

6 差が 3 である 3 つの自然数を，自然数 n を使って，n, $n+3$, $n+6$ のように表してもよい。

2章 平方根

1 (1) ① ±30 ② $\pm\dfrac{2}{5}$

  (2) ① $\pm\sqrt{0.7}$ ② $\pm\sqrt{\dfrac{2}{3}}$

  (3) ① 13 ② 10

  (4) ① $\dfrac{5}{6}$ ② -0.2

  (5) ① $\sqrt{17}>4$ ② $-\sqrt{21}>-5$

2 ア 14.44 イ 15.21 ウ 8

  エ 14.9769 オ 15.0544 カ 7

3 ㋐, ㋒

4 (1) 7.23×10^5（人）   (2) 9.20×10^3（km²）

解説

1 (3) ② 負の数の 2 乗は正の数になる。

  (4) ① $\sqrt{\dfrac{25}{36}}$ が表すのは，$\dfrac{25}{36}$ の平方根のうち，正の方である。

  ② $-\sqrt{0.04}$ が表すのは，0.04 の平方根のうち，負の方である。

  (5) ① $\sqrt{17}>\sqrt{16}$ だから，$\sqrt{17}>4$

  ② $\sqrt{21}<\sqrt{25}$ だから，$\sqrt{21}<5$

    よって，$-\sqrt{21}>-5$

3 分数の形で表すことができない数が無理数である。無理数は循環しない無限小数で表される。

4 (2) 有効数字が 3 けたなので，9，2，0 が有効数字である。

1 (1) ① ± 0.4　② $\pm\sqrt{\dfrac{3}{17}}$

(2) ① 10　② $\dfrac{2}{5}$　③ -0.4

(3) ① 2　② 11

(4) $a=10,\ 11,\ 12$

2 $-4,\ -\sqrt{15},\ \sqrt{\dfrac{1}{2}},\ \dfrac{3}{4},\ \sqrt{0.6}$

3 $3.16\ \mathrm{cm}$

4 ① エ　② イ　③ ア

④ ア　⑤ イ　⑥ ウ

解説

2 $-4=-\sqrt{16}$ だから，$-4<-\sqrt{15}$

$\sqrt{\dfrac{1}{2}}=\sqrt{\dfrac{40}{80}}$，$\sqrt{0.6}=\sqrt{\dfrac{6}{10}}=\sqrt{\dfrac{48}{80}}$，

$\dfrac{3}{4}=\sqrt{\dfrac{9}{16}}=\sqrt{\dfrac{45}{80}}$ だから，$\sqrt{\dfrac{1}{2}}<\dfrac{3}{4}<\sqrt{0.6}$

3 円の面積は (半径)^2×円周率 だから，半径は $\sqrt{10}$ cm，$\sqrt{10}=3.162\cdots$ より，小数第3位を四捨五入して，$3.16\ \mathrm{cm}$

1 (1) $\sqrt{21}$　(2) $\sqrt{30}$

(3) $\sqrt{6}$　(4) -3

2 (1) ① $\sqrt{18}$　② $\sqrt{6}$

(2) ① $2\sqrt{7}$　② $\dfrac{\sqrt{5}}{10}$　③ $6\sqrt{5}$

3 (1) $\dfrac{\sqrt{35}}{7}$　(2) $\dfrac{\sqrt{2}}{2}$

4 (1) $12\sqrt{10}$　(2) 4

5 (1) $7\sqrt{5}-5$　(2) $-\sqrt{6}-6\sqrt{2}$

6 (1) $\sqrt{6}-2-\sqrt{3}+\sqrt{2}$

(2) $\sqrt{5}+\sqrt{2}$

(3) $13-4\sqrt{3}$

7 (1) 20　(2) $4\sqrt{10}$

解説

2 (2) ② $\sqrt{0.05}=\sqrt{\dfrac{5}{100}}=\dfrac{\sqrt{5}}{\sqrt{100}}=\dfrac{\sqrt{5}}{10}$

③ $180=2^2\times 3^2\times 5$ より，$\sqrt{180}=6\sqrt{5}$

4 (1) $\sqrt{32}\times\sqrt{45}=4\sqrt{2}\times 3\sqrt{5}=12\sqrt{10}$

(2) $-\sqrt{18}\div\sqrt{27}\times(-\sqrt{24})=\dfrac{\sqrt{18}\times\sqrt{24}}{\sqrt{27}}=\sqrt{16}=4$

5 (2) $3\sqrt{6}-\sqrt{96}-\sqrt{72}$

$=3\sqrt{6}-4\sqrt{6}-6\sqrt{2}$

$=(3-4)\sqrt{6}-6\sqrt{2}=-\sqrt{6}-6\sqrt{2}$

6 (3) $(2\sqrt{3}-1)^2=(2\sqrt{3})^2-2\times 2\sqrt{3}\times 1+1^2$

$=12-4\sqrt{3}+1=13-4\sqrt{3}$

7 (1) $x^2+2xy+y^2=(x+y)^2$

$x=\sqrt{5}+\sqrt{2},\ y=\sqrt{5}-\sqrt{2}$ を代入して，

$(\sqrt{5}+\sqrt{2}+\sqrt{5}-\sqrt{2})^2=(2\sqrt{5})^2=20$

1 $\dfrac{2\sqrt{3}}{7}$

2 (1) $-6\sqrt{3}$　(2) 18　(3) $\dfrac{5}{3}$

(4) $4\sqrt{3}$　(5) $2\sqrt{7}$　(6) -8

3 (1) 17.32　(2) 1.0954

4 (1) $-4\sqrt{2}+7\sqrt{3}$

(2) $\sqrt{3}$　(3) $\sqrt{2}$

(4) $5\sqrt{5}$　(5) 0　(6) $\dfrac{25\sqrt{6}}{6}$

5 (1) $2\sqrt{2}-\sqrt{6}$　(2) $11+4\sqrt{7}$

(3) $4\sqrt{6}+6$　(4) $-16-4\sqrt{5}$

(5) $26+16\sqrt{2}$　(6) 37

6 $a=6$

解説

3 (2) $\dfrac{\sqrt{6}}{\sqrt{5}}=\dfrac{\sqrt{6}\times\sqrt{5}}{\sqrt{5}\times\sqrt{5}}=\dfrac{\sqrt{30}}{5}$

$=\dfrac{5.477}{5}=1.0954$

4 (6) $\dfrac{9\sqrt{6}}{2}-\sqrt{\dfrac{2}{3}}=\dfrac{9\sqrt{6}}{2}-\dfrac{\sqrt{2}\times\sqrt{3}}{\sqrt{3}\times\sqrt{3}}$

$=\dfrac{9\sqrt{6}}{2}-\dfrac{\sqrt{6}}{3}=\left(\dfrac{9}{2}-\dfrac{1}{3}\right)\sqrt{6}=\dfrac{25\sqrt{6}}{6}$

5 (4) $(\sqrt{5}+3)(\sqrt{5}-7)$

$=(\sqrt{5})^2+(3-7)\sqrt{5}+3\times(-7)$

$=5-4\sqrt{5}-21=-16-4\sqrt{5}$

(6) $(3\sqrt{5}-2\sqrt{2})(3\sqrt{5}+2\sqrt{2})$

$=(3\sqrt{5})^2-(2\sqrt{2})^2$

$=45-8$

$=37$

6 $54=2\times 3^3=3^2\times(2\times 3)$

1 (1) ① ± 7 ② ± 0.2

③ $\pm\sqrt{17}$ ④ $\pm\dfrac{1}{4}$

(2) ① -6 ② 0.3

(3) ① 2 ② $\bigcirc$ ③ ± 4 ④ 5

2 (1) $\dfrac{\sqrt{3}}{7}$, $\dfrac{3}{7}$, $\sqrt{\dfrac{3}{7}}$, $\dfrac{3}{\sqrt{7}}$

(2) ④, ㉪

(3) $14.15 \leqq a < 14.25$

3 (1) $\sqrt{30}$ (2) $2\sqrt{5}$ (3) $7\sqrt{7}$

(4) $-\sqrt{7}$ (5) -2

(6) $\sqrt{2}+4\sqrt{3}$

4 (1) $3\sqrt{15}-3\sqrt{6}$ (2) $3\sqrt{5}-4\sqrt{10}$

(3) $21-12\sqrt{3}$ (4) $10+6\sqrt{5}$

5 (1) ① 4 ② 12

(2) $a=21$

6 $5\sqrt{2}$ cm

解説

2 (1) それぞれ2乗して大小をくらべる。

(2) 0は整数 m を使って，$\dfrac{0}{m}$ と表せるので，

有理数であることに注意する。

5 (1) ② $(a-b)^2+4ab$

$=a^2-2ab+b^2+4ab$

$=a^2+2ab+b^2$

$=(a+b)^2$

6 直角二等辺三角形の面積は

$10\times10\times\dfrac{1}{2}=50$ (cm²) だから，

正方形の1辺の長さは，$\sqrt{50}=5\sqrt{2}$ (cm)

3章　二次方程式

1 2, 5

2 (1) $x=\pm\sqrt{5}$ (2) $x=\pm 3$

(3) $x=\pm 3\sqrt{2}$ (4) $x=\pm\dfrac{\sqrt{7}}{4}$

(5) $x=1\pm 2\sqrt{2}$ (6) $x=4\pm\sqrt{14}$

3 (1) $x=\dfrac{-5\pm\sqrt{21}}{2}$ (2) $x=\dfrac{-3\pm\sqrt{17}}{4}$

(3) $x=2$, $\dfrac{4}{5}$ (4) $x=\dfrac{1\pm\sqrt{7}}{3}$

4 (1) $x=1$, 9 (2) $x=7$, -8

(3) $x=4$ (4) $x=0$, 7

解説

2 (6) $x^2-8x+2=0$　$x^2-8x=-2$

x の係数 -8 の半分の2乗を両辺にたすと，

$x^2-2\times x\times4+4^2=-2+4^2$

$(x-4)^2=14$　$x-4=\pm\sqrt{14}$

$x=4\pm\sqrt{14}$

3 (1) $x=\dfrac{-5\pm\sqrt{5^2-4\times1\times1}}{2\times1}=\dfrac{-5\pm\sqrt{21}}{2}$

(3) $x=\dfrac{-(-14)\pm\sqrt{(-14)^2-4\times5\times8}}{2\times5}=\dfrac{14\pm6}{10}$

$\dfrac{14+6}{10}=2$, $\dfrac{14-6}{10}=\dfrac{4}{5}$ より，$x=2$, $\dfrac{4}{5}$

(4) $x=\dfrac{-(-2)\pm\sqrt{(-2)^2-4\times3\times(-2)}}{2\times3}=\dfrac{1\pm\sqrt{7}}{3}$

4 (3) $x^2-8x+16=0$　$(x-4)^2=0$　$x=4$

(4) $x^2-7x=0$　$x(x-7)=0$　$x=0$, 7

1 (1) $x=\pm 7$ (2) $t=\pm\dfrac{5}{9}$

(3) $x=\pm\sqrt{6}$ (4) $a=5\pm\sqrt{3}$

(5) $y=9$, 5 (6) $x=-\dfrac{11}{5}$, $-\dfrac{19}{5}$

(7) $x=-10\pm\sqrt{10}$ (8) $t=4$, -6

(9) $x=-2\pm\dfrac{\sqrt{6}}{2}$

2 ① 2 ② -2 ③ 4

④ 2 ⑤ 2 ⑥ 2

⑦ $\pm\sqrt{2}$ ⑧ $2\pm\sqrt{2}$

3 (1) $x=\dfrac{3\pm\sqrt{29}}{2}$ (2) $n=\dfrac{-1\pm\sqrt{21}}{2}$

(3) $x=2$, $\dfrac{1}{3}$ (4) $a=-1\pm\sqrt{6}$

(5) $x=\dfrac{-1\pm\sqrt{17}}{2}$ (6) $t=-\dfrac{1}{2}$, 2

4 (1) $x=1$, 4 (2) $x=-6$ (3) $x=0$, $\dfrac{3}{2}$

解説

1 (2) $81t^2-25=0$　$81t^2=25$

$t^2=\dfrac{25}{81}$　$t=\pm\dfrac{5}{9}$

(8) $3(t+1)^2=75$　$(t+1)^2=25$

$t+1=\pm 5$　$t=4$, -6

(9) $6(x+2)^2-9=0$ $6(x+2)^2=9$

$(x+2)^2=\dfrac{9}{6}=\dfrac{3}{2}$

$x+2=\pm\dfrac{\sqrt{3}\times\sqrt{2}}{\sqrt{2}\times\sqrt{2}}=\pm\dfrac{\sqrt{6}}{2}$

$x=-2\pm\dfrac{\sqrt{6}}{2}$

3 (2) そのまま解の公式を使うこともできるが，両辺を2でわって $n^2+n-5=0$ としてから解の公式を使うとよい。

(3) $x=\dfrac{-(-7)\pm\sqrt{(-7)^2-4\times3\times2}}{2\times3}$

$=\dfrac{7\pm\sqrt{25}}{6}=\dfrac{7\pm5}{6}$

$\dfrac{7+5}{6}=2,\ \dfrac{7-5}{6}=\dfrac{2}{6}=\dfrac{1}{3}$ より，$x=2,\ \dfrac{1}{3}$

(5) 両辺をそれぞれ展開して整理すると，
$x^2+x-4=0$ となるから，解の公式より，

$x=\dfrac{-1\pm\sqrt{1^2-4\times1\times(-4)}}{2\times1}=\dfrac{-1\pm\sqrt{17}}{2}$

4 (3) $\dfrac{3}{2}x=x^2$ $x^2-\dfrac{3}{2}x=0$

$x\left(x-\dfrac{3}{2}\right)=0$ $x=0,\ \dfrac{3}{2}$

注意 $\dfrac{3}{2}x=x^2$ の両辺を x でわって $x=\dfrac{3}{2}$

のみを答えとしない。

p.22 テスト対策問題

1 (1) $a=5$

(2) 2

2 (1) $(x-1)(x+1)=2x+23$

(2) 5, 6, 7

3 (1) $x(22-x)=120$

(2) 10 m

4 1秒後と5秒後

解説

1 (1) $x^2-ax+6=0$ に $x=3$ を代入して，
$9-3a+6=0$ より，$a=5$

(2) $x^2-5x+6=0$ を解いて，$x=2,\ 3$

3 (1) 縦と横の長さの和は，$44\div2=22$ (m)
だから，縦を x m とすると，横は，$22-x$ (m)

(2) 式を整理すると，$x^2-22x+120=0$
$(x-10)(x-12)=0$ より，$x=10,\ 12$
縦は横より短いから，縦は 10 m

4 点 P，Q が出発してから t 秒後に △PBQ の
面積が △ABC の面積の $\dfrac{5}{36}$ になったとすると，

$\dfrac{1}{2}\times2t\times(24-4t)=\dfrac{1}{2}\times12\times24\times\dfrac{5}{36}$

これを解くと，$t^2-6t+5=0$
$(t-1)(t-5)=0$ より，$t=1,\ 5$
$0\leqq t\leqq6$ より，$t=1$ も $t=5$ も問題にあっている。

p.23 予想問題

1 (1) 3 と 27

(2) $-2,\ 5$

2 (1) $4+2\sqrt{10}$ (cm)

(2) 4.2 cm

3 (1) 24 cm²

(2) 3秒後

解説

1 (2) ある数を x とすると，
$x^2+3-3(x+2)=7$
整理して解くと，$x=-2,\ 5$

2 (1) 長方形の縦の長さを x cm とすると，
$3(x-6)(x-2)=108$
$x^2-8x-24=0$
$x=4\pm2\sqrt{10}$
$x>6$ だから，$x=4+2\sqrt{10}$

(2) $4+2\times3.1-6=4.2$

3 (1) $PB=12-2\times2=8$，$BQ=3\times2=6$ より，

$\triangle PBQ=\dfrac{1}{2}\times6\times8=24$

p.24～p.25 章末予想問題

1 (1) $x=\pm\sqrt{30}$ (2) $x=8,\ -10$

(3) $t=\dfrac{5\pm\sqrt{37}}{6}$ (4) $n=1,\ 2$

(5) $x=8$ (6) $a=0,\ -5$

(7) $x=3,\ 7$ (8) $x=2\pm\sqrt{2}$

2 (1) $a=-5$

(2) -5

3 (1) $13-4\sqrt{7}$ (m)

(2) 4 m

4 6秒後

⑤ (1) 赤…25枚，黒…36枚
(2) 14番目

解説

② (1) $x^2-(2a+3)x+10=0$ に $x=-2$ を代入して，
$(-2)^2-(2a+3)\times(-2)+10=0$ より，$a=-5$
(2) $x^2-(2a+3)x+10=0$ に $a=-5$ を代入して，$x^2+7x+10=0$　$x=-2$，-5

③ 道の幅を x m とする。
(1) $(15x+11x)-x^2=57$
式を整理すると，$x^2-26x+57=0$
$(x-13)^2=112$ より，$x=13\pm4\sqrt{7}$
$0<x<11$ だから，$x=13-4\sqrt{7}$
(2) $(15-x)(11-x)=61600\div800$
式を整理すると，$x^2-26x+88=0$
$(x-4)(x-22)=0$ より，$x=4$，22
$0<x<11$ だから，$x=4$

⑤ (1) n 番目の図形では外側に使う色のタイルが $(n+1)^2$ 枚，もう一方の色のタイルが n^2 枚使われる。
(2) $(n+1)^2+n^2=421$
これを解いて，$n=14$，-15
n は自然数だから，$n=14$

4章　関数 $y=ax^2$

p.27　テスト対策問題

① (1) $y=6x^2$　　　(2) $96\ \mathrm{cm}^2$
② (1) $y=\dfrac{1}{3}x^2$　　(2) $y=3$
(3) $x=\pm2\sqrt{3}$
③ (1)

x	…	-6	-4	-2	0	2	4	6	…
y	…	18	8	2	0	2	8	18	…

(2)(3)

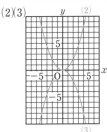

解説

② (1) $y=ax^2$ に $x=6$，$y=12$ を代入して，
$12=a\times6^2$　$a=\dfrac{1}{3}$　したがって，$y=\dfrac{1}{3}x^2$
(2) $y=\dfrac{1}{3}x^2$ に $x=-3$ を代入して，
$y=\dfrac{1}{3}\times(-3)^2=3$
(3) $y=\dfrac{1}{3}x^2$ に $y=4$ を代入して，
$4=\dfrac{1}{3}x^2$　$x^2=12$　$x=\pm2\sqrt{3}$

③ (2) (1)の x，y の値の組を座標とする点をとり，それらをなめらかな曲線(放物線)で結ぶ。
(3) $y=\dfrac{1}{2}x^2$ と $y=-\dfrac{1}{2}x^2$ のグラフは，x軸を対称の軸とする線対称な放物線になる。

p.28　予想問題

① (1) ① $y=3x^2$　　② $y=27$
③ $x=\pm\sqrt{6}$
(2) ① $y=-\dfrac{1}{4}x^2$　② $y=-16$
③ $x=\pm2\sqrt{2}$
② (1) $2\sqrt{2}$ 秒
(2)

x	-10	-2	0	4	5
y	-50	-2	0	-8	-12.5

$a=-0.5$
③ ①…ウ　　②…エ　　③…ア　　④…イ

解説

② (1) $y=4.9x^2$ に $y=39.2$ を代入すると，
$4.9x^2=39.2$　$x^2=8$　$x=\pm2\sqrt{2}$
$x\geqq0$ だから，$x=2\sqrt{2}$

③ $y=ax^2$ のグラフは，$a>0$ のときは x軸の上側にあり，$a<0$ のときは x軸の下側にある。また，a の絶対値が大きいほど，開き方が小さくなる。

p.30　テスト対策問題

① (1) $2\leqq y\leqq18$　　(2) $8\leqq y\leqq32$
(3) $0\leqq y\leqq8$
② (1) 18　　　　　(2) 4
③ (1) $y=0.008x^2$　(2) $20\ \mathrm{m}$

4 (1) $y=\dfrac{1}{4}x^2$ (2) 6秒

解説

1 (3) 右の図のように，
$x=0$ のとき $y=0$ （最小）
$x=2$ のとき $y=8$ （最大）
だから，$0\leqq y\leqq 8$

2 (1) $\dfrac{3\times 5^2-3\times 1^2}{5-1}=\dfrac{72}{4}=18$

(2) $\dfrac{-(-1)^2-\{-(-3)^2\}}{-1-(-3)}=\dfrac{8}{2}=4$

3 (1) $y=ax^2$ に $x=30$, $y=7.2$ を代入して，
$7.2=a\times 30^2$ $a=0.008$
したがって，$y=0.008x^2$

(2) $y=0.008x^2$ に $x=50$ を代入して，
$y=0.008\times 50^2=20$

4 (1) $y=ax^2$ に $x=4$, $y=4$ を代入して，
$4=a\times 4^2$ より，$a=\dfrac{1}{4}$ したがって，$y=\dfrac{1}{4}x^2$

(2) $y=\dfrac{1}{4}x^2$ に $y=9$ を代入して，

$9=\dfrac{1}{4}x^2$ $x^2=36$ $x=\pm 6$

$x\geqq 0$ だから，$x=6$

---

p.31　　**予想問題**

1 (1) $-27\leqq y\leqq -3$ (2) $-12\leqq y\leqq 0$
2 -4
3 (1) $y=\dfrac{1}{2}x^2$ (2) $0\leqq x\leqq 6$

(3) $2\sqrt{3}$ 秒後
4 ア…1.2　イ…200　ウ…0.6　エ…80
オ…440　カ…1.8

解説

1 (2) グラフをかくと，
$x=-6$ のとき y は最小値，
$x=0$ のとき y は最大値をとることがわかる。

3 (1) 重なってできる部分は直角二等辺三角形
なので，x秒後の面積は，$\dfrac{1}{2}x^2$

(3) $y=\dfrac{1}{2}x^2$ に $y=6$ を代入して，

$6=\dfrac{1}{2}x^2$ $x^2=12$ $x=\pm 2\sqrt{3}$

$0\leqq x\leqq 6$ だから，$x=2\sqrt{3}$

---

p.32～p.33　**章末予想問題**

1 (1) $y=\dfrac{3}{8}x^2$ (2) $y=24$

(3) $x=\pm 2\sqrt{6}$

(4) 2倍…4倍，3倍…9倍

2 (1) $0\leqq y\leqq 54$ (2) $a=-\dfrac{9}{4}$

3 (1) -16 (2) $a=\dfrac{1}{3}$

(3) $a=-3$

4 (1) 秒速2 cm   (2) 秒速$\dfrac{9}{2}$ cm

5 (1) A$(2,\ 2)$ B$(-4,\ 8)$ (2) 12 cm²
6 (1) $50<x\leqq 80$ (2) 60 円
(3) $20<x\leqq 40$, $50<x\leqq 80$

解説

1 (1) $y=ax^2$ に $x=4$, $y=6$ を代入すると，
$6=16a$ $a=\dfrac{3}{8}$ したがって，$y=\dfrac{3}{8}x^2$

(3) $y=\dfrac{3}{8}x^2$ に $y=9$ を代入すると，

$9=\dfrac{3}{8}x^2$ より，$x=\pm 2\sqrt{6}$

(4) $y=ax^2$ では，x の値が n 倍になると，
y の値は n^2 倍になるので，y の値は 2^2 倍，
3^2 倍になる。

2 (2) $y=ax^2$ が $-2\leqq x\leqq 1$ のとき $y=0$ を
最大とすることから $a<0$ であり，$x=-2$
のとき $y=-9$ で最小となることがわかる。
$y=ax^2$ に $x=-2$, $y=-9$ を代入して，
$-9=a\times(-2)^2$ したがって，$a=-\dfrac{9}{4}$

3 (1) $\dfrac{-4\times 3^2-(-4)\times 1^2}{3-1}=\dfrac{-36+4}{2}$

$=-\dfrac{32}{2}=-16$

(2) $\dfrac{a\times 9^2-a\times 6^2}{9-6}=5$ を解いて，$a=\dfrac{1}{3}$

(3) 関数 $y=\dfrac{1}{6}x^2$ について，x の値が a から

$a+2$ まで増加するとき，x の増加量は
$(a+2)-a=2$
y の増加量は

$\dfrac{1}{6}(a+2)^2-\dfrac{1}{6}a^2=\dfrac{2}{3}(a+1)$

したがって，変化の割合は

$$\frac{2}{3}(a+1) \div 2 = \frac{1}{3}(a+1) = -\frac{2}{3}$$

したがって，$a = -3$

④ (1) $\left(\frac{1}{2} \times 3^2 - \frac{1}{2} \times 1^2\right) \div (3-1) = 2$

⑤ (1) $\frac{1}{2}x^2 = -x+4$ を解くと，$x=2,\ -4$

点Aの x 座標が正だから，2 が点Aの x 座標，
-4 が点Bの x 座標である。

点A，Bのそれぞれの y 座標は，

A… $y = \frac{1}{2} \times 2^2 = 2$，B… $y = \frac{1}{2} \times (-4)^2 = 8$

よって，A(2, 2)，B(−4, 8)

(2) 直線 AB $(y = -x+4)$ と y 軸との交点を
Cとすると，OC = 4 であり，

$$\triangle OAB = \triangle OAC + \triangle OBC$$
$$= \frac{1}{2} \times 4 \times 2 + \frac{1}{2} \times 4 \times 4 = 12 \ (\text{cm}^2)$$

⑥ (2) 65 km 離れた地点へは 10 円で 50 秒通
話できる。5 分 = 300 秒 だから，$300 = 50 \times 6$
より電話料金は $10 \times 6 = 60$ (円)

(3) 電話会社Bの料金のグラフを，電話会社A
のグラフに重ねてかいて比べる。同じ x で，
y が大きいほうが安いといえるので，上側に
グラフがあるときが安いとわかる。

5章　図形と相似

p.35　テスト対策問題

① (1) $2:3$
(2) $8\ \text{cm}$
(3) $70°$

② (1) $\triangle ABC \varpropto \triangle EDF$，
条件…2組の辺の比とその間の角が，そ
れぞれ等しい。
(2) $\triangle ABC \varpropto \triangle AED$，
条件…2組の角が，それぞれ等しい。

③ (1) $\triangle AEC$ と $\triangle DEB$ で，
AE : DE = 8 : 12 = 2 : 3
EC : EB = 7 : 10.5 = 2 : 3
よって，AE : DE = EC : EB　……①
対頂角は等しいから，
$\angle AEC = \angle DEB$　……②

①，②から，2組の辺の比とその間の角
が，それぞれ等しいので，
$\triangle AEC \varpropto \triangle DEB$

(2) $13.5\ \text{cm}$

解説

① (1) $6:9 = 2:3$
(2) BC : 12 = 2 : 3　3BC = 24　BC = 8 cm

③ (2) $\triangle AEC$ と $\triangle DEB$ の相似比は 2 : 3 だか
ら，AC : DB = 2 : 3 より，9 : DB = 2 : 3
2DB = 27　DB = 13.5 cm

p.36　予想問題

① (1) $4:3$　(2) $8\ \text{cm}$
(3) $40°$

② ⑦と①と④，条件…2組の角が，それぞれ
等しい。
④と⑦，条件…3組の辺の比が，すべて等
しい。
⑨と④，条件…2組の辺の比とその間の角
が，それぞれ等しい。

③ (1) $\triangle ABC$ と $\triangle CBD$ で，
$\angle ACB = \angle CDB = 90°$　……①
$\angle ABC = \angle CBD$　……②
①，②から，2組の角が，それぞれ等し
いので，$\triangle ABC \varpropto \triangle CBD$

(2) $9.6\ \text{cm}$

解説

① (2) AC : 6 = 4 : 3　3AC = 24　AC = 8 cm

③ (1) **ポイント**　相似の証明問題は，「2組の
角が，それぞれ等しい。」を使う場合が多い。
(2) AB : CB = AC : CD より，
20 : 16 = 12 : CD　5 : 4 = 12 : CD
5CD = 48　CD = 9.6 cm

p.38　テスト対策問題

① (1) $x=9,\ y=5$　(2) $x=14,\ y=12$
② (1) $x=22.5$　(2) $x=9.6$
(3) $x=12.8$　(4) $x=2.5,\ y=5$
③ FD
④ $20\ \text{cm}$

解説

② (1) $x : 15 = 18 : 12$　$12x = 15 \times 18$　$x = 22.5$

9

(2) $18:x=15:8$ $15x=18\times 8$ $x=9.6$

(3) $6:10=4.8:(x-4.8)$

$6(x-4.8)=48$ $x-4.8=8$ $x=12.8$

3 $BF:FA=16:8=2:1,$

$BD:DC=20:10=2:1$ より, $FD\parallel AC$

4 中点連結定理より,

$DE=\dfrac{1}{2}BA=\dfrac{1}{2}\times 15=7.5\,(cm)$

同様にして, $EF=7\,cm,$ $FD=5.5\,cm$

$7.5+7+5.5=20\,(cm)$

p.39 予想問題

1 (1) $x=9,\ y=8$ (2) $x=6,\ y=7.5$

(3) $x=6,\ y=3$

2

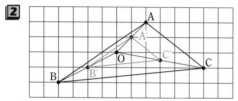

3 (1) $x=15.2$ (2) $x=27$

4 (1) $4\,cm$ (2) $11\,cm$

5 $\triangle DAB$ で, P は AD の中点, R は BD の中点であるから,

$PR\parallel AB,\ PR=\dfrac{1}{2}AB$

$\triangle CAB$ においても同様にして,

$SQ\parallel AB,\ SQ=\dfrac{1}{2}AB$

したがって, $PR\parallel SQ,\ PR=SQ$

1 組の向かいあう辺が等しくて平行だから, 四角形 PRQS は平行四辺形である。

解説

2 点 O とそれぞれの点を結び, 中点をとり, その 3 点を結ぶと, 線分の比と平行線の関係から, もとの三角形のそれぞれの辺と平行で長さが $\dfrac{1}{2}$ の線分に囲まれてできた三角形になる。

3 (1) $10:19=8:x$

$\qquad 10x=152$

$\qquad\quad x=15.2$

(2) $21:10.5=18:(x-18)$

$\quad 21(x-18)=189$

$\qquad x-18=9$

$\qquad\qquad x=27$

4 (1) E, F はそれぞれ AB, DB の中点だから,

中点連結定理より, $EF=\dfrac{1}{2}\times 8=4\,(cm)$

$\qquad\qquad AD\parallel EF$ ……①

(2) (1) ①より, $FG\parallel BC$ だから,

$FG:BC=DF:DB$ $FG:14=1:2$

$FG=7\,cm,$

$EG=EF+FG=4+7=11\,(cm)$

p.41 テスト対策問題

1 (1) $4:3$ (2) $16:9$

(3) $\dfrac{7}{9}$ 倍

2 (1) ① $9:16$ ② $27:64$

(2) ① $5:2$ ② $250\,cm^3$

3 (1) $52\,cm^2$ (2) $384\,cm^3$

解説

1 (3) $(16-9)\div 9=\dfrac{7}{9}$

2 (1) ① $3^2:4^2=9:16$

② $3^3:4^3=27:64$

(2) ① 底面の円周の長さの比=相似比なので, 高さの比も $5:2$

ミス注意! 表面積の比と体積の比を混同しないようにすること。

3 相似比は, $4:8=1:2$

(1) 表面積の比は, $1^2:2^2=1:4$

$208\times\dfrac{1}{4}=52\,(cm^2)$

(2) 体積の比は, $1^3:2^3=1:8$

$48\times 8=384\,(cm^3)$

p.42 予想問題 ❶

1 (1) $5:4$ (2) $48\,cm^2$

2 (1) $243\,cm^2$ (2) $64\,cm^2$ (3) $130\,cm^2$

3 $\dfrac{3}{2}$ 倍

解説

2 $\triangle APR$ と $\triangle AQS$ と $\triangle ABC$ は相似であり, $\triangle APR$ と $\triangle ABC$ の相似比は $1:3$

面積の比は, $1:9$

$\triangle AQS$ と $\triangle ABC$ の相似比は $2:3$

面積の比は, $4:9$

(1) $27\times 9=243\,(cm^2)$

(2)　$144 \times \dfrac{4}{9} = 64$ (cm^2)

(3)　四角形 PQSR：四角形 QBCS
　　$= (4-1) : (9-4) = 3 : 5$ より，
　　$78 \times \dfrac{5}{3} = 130$ (cm^2)

3 $\triangle$ABG$\infty$$\triangle$EDG より，
　AB：ED＝AG：EG＝2：1
　よって，$\triangle$EDG＝a とすると，$\triangle$ADG＝$2a$
　また，$\triangle$ADE≡$\triangle$FCE より，
　$\triangle$FCE＝$a+2a=3a$

p.43 **予想問題 ❷**

1 (1)　3：4 　　(2)　320 cm^3

2 (1)　$\dfrac{64}{125}$ 倍 　　(2)　305 cm^3

3 (1)　1：9 　　(2)　Q…$7a$，R…$19a$

4 縮図…右
　の図
　AB 間の
　距離
　…約 40 m

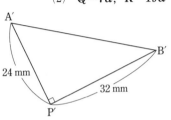

24 mm　32 mm

A′　B′　P′

5 18 m

解説

1 (1)　表面積の比が $9 : 16 = 3^2 : 4^2$ であるから，
　相似比は 3：4

(2)　体積の比は，$3^3 : 4^3 = 27 : 64$
　$135 \times \dfrac{64}{27} = 320$ (cm^3)

2 (1)　水の部分と容器の相似比が
　$16 : 20 = 4 : 5$ であることを使って体積比を
　求める。

(2)　容器の容積は，$320 \times \dfrac{125}{64} = 625$ (cm^3)
　$625 - 320 = 305$ (cm^3)

3 (2)　立体 P と立体 P＋Q の体積の比は，
　$1^3 : 2^3 = 1 : 8$
　立体 P と立体 P＋Q＋R の体積の比は，
　$1^3 : 3^3 = 1 : 27$

4 A′P′＝24 mm，B′P′＝32 mm，∠A′P′B′＝90°
　にして，$\triangle$APB の縮図である $\triangle$A′P′B′ をかい
　てみる。A′B′ を実際に測ると，約 40 mm なの
　で，$40 \times 1000 = 40000$ (mm)＝40 (m)

5 木の高さを x m とすると，$1.5 : 1 = x : 12$

---

p.44〜p.45 **章末予想問題**

1 (1)　$x=12$ 　　(2)　$x=10$ 　　(3)　$x=4.8$

2 9 cm

3 (1) ①　$x=3$ 　②　9：1 　③　$\dfrac{64}{25}$ 倍

(2) ①　$x=5.6$ ②　25：4

4 平行線の同位角は等しいので，
　AD／／EC から，∠BAD＝∠AEC
　また，平行線の錯角は等しいので，
　∠DAC＝∠ACE
　仮定より，∠BAD＝∠DAC であるから，
　∠AEC＝∠ACE
　2 つの角が等しいから，
　$\triangle$ACE は AE＝AC の二等辺三角形となる。
　$\triangle$BEC で，AD／／EC から，
　BA：AE＝BD：DC
　したがって，AB：AC＝BD：DC

5 2 cm

6 35 m

解説

1 (2)　2 組の辺の比とその間の角が，それぞれ
　等しいので，$\triangle$ABC$\infty$$\triangle$DAC となる。
　相似比は，$18 : 12 = 3 : 2$ だから，
　$15 : x = 3 : 2$ 　$x=10$

2 EC＝2DF＝2×3＝6 (cm)
　DG＝2EC＝2×6＝12 (cm)
　FG＝12－3＝9 (cm)

3 (1) ①　EH＝$\dfrac{1}{2} \times 9$＝4.5 (cm)
　　EI＝$\dfrac{1}{2} \times 15$＝7.5 (cm)
　　HI＝7.5－4.5＝3 (cm)

③　$\triangle$GHI の面積を a とすると，②より，
　$\triangle$ADG＝$9a$
　$\triangle$BCG$\infty$$\triangle$DAG で相似比は 5：3 だから，
　$\triangle$BCG＝$\dfrac{5^2}{3^2} \times 9a = 25a$
　AG：GC＝3：5 より，
　$\triangle$CDG＝$\dfrac{5}{3}$$\triangle$ADG＝$15a$
　同様にして，DG：GB＝3：5 より，
　$\triangle$ABG＝$15a$
　$(9a + 25a + 15a + 15a) \div 25a = \dfrac{64}{25}$ (倍)

(2) ① CF：CD＝EF：AD＝4：14＝2：7 より，

DF：DC＝(7−2)：7＝5：7

$$BC＝4×\frac{7}{5}＝5.6 (cm)$$

5 円錐の体積＝$\frac{1}{3}×π×12^2×8＝384π$ (cm³)

$(8−2)：8＝6：8＝3：4$　$3^3：4^3＝27：64$

より，平面 M より上の円錐の体積は，

$$384π×\frac{27}{64}＝162π (cm³)$$

よって，平面 L より上の円錐の体積は，

$162π−156π＝6π$ (cm³)

$6π：162π＝1：27＝1^3：3^3$

だから，求める高さは，$6×\frac{1}{3}＝2$ (cm)

6 $7×500＝3500$ (cm)＝35 (m)

6章　円の性質

p.47 テスト対策問題

1 (1) ∠x＝54°　　(2) ∠x＝59°

(3) ∠x＝230°　　(4) ∠x＝24°

2 (1) ∠x＝26°　　(2) ∠y＝78°

3 (1) ∠x＝54°　　(2) ∠x＝15°

4 ㋐, ㋒

解説

1 (2) $360°−242°＝118°$

$$∠x＝\frac{1}{2}×118°＝59°$$

(3) ∠x＝2×115°＝230°

2 (2) RB，RC をひいて考える。

∠y＝∠ARB＋∠BRC＋∠CRD＝26°×3＝78°

3 (1) ∠x＝180°−(36°＋90°)＝54°

(2) ∠x＝∠ACD＝90°−75°＝15°

4 ㋒…∠ABD＝97°−65°＝32° であるから，

∠ABD＝∠ACD が成り立つ。

p.48 予想問題

1 (1) ∠x＝35°　　(2) ∠x＝200°

(3) ∠x＝112°　　(4) ∠x＝100°

(5) ∠x＝17°　　(6) ∠x＝65°

2 (1) ∠x＝26°

(2) ∠x＝36°，∠y＝72°

(3) ∠x＝67°，∠y＝46°

---

(4) ∠x＝23°　　(5) ∠x＝57°

(6) ∠x＝44°，∠y＝20°

3 (1) 同じ円周上にある。

(2) ∠x＝26°，∠y＝54°

解説

1 (2) ∠x＝2×100°＝200°

(4) OA＝OB＝OC より，∠OAB＝30°，

∠OAC＝20°　∠x＝2×(30°＋20°)＝100°

(5) ∠APB＝$\frac{1}{2}×110°＝55°$

∠x＝72°＋55°−110°＝17°

(6) AO＝BO より，△AOB は二等辺三角形

なので，∠ABO＝25°

∠AOB＝180°−25°×2＝130°

∠x＝$\frac{1}{2}×130°＝65°$

2 (2) ∠x＝$\frac{1}{2}×(\frac{1}{5}×360°)＝36°$

∠y＝2×36°＝72°

(5) ∠x＝∠BAC＝180°−(90°＋33°)＝57°

(6) ∠x＝2×22°＝44°

∠CBD＝180°−(22°＋100°)＝58°

∠COD＝2×58°＝116°

∠y＝180°−(44°＋116°)＝20°

3 (1) ∠x＝52°−26°＝26°　∠ADB＝∠ACB＝26°

より，4点 A，B，C，D は同じ円周上にある。

(2) ∠y＝∠ABD＝180°−(74°＋26°＋26°)＝54°

---

p.50 テスト対策問題

1
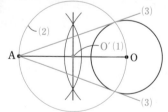

2 O と A，O と P，O と P′ を結ぶ。

△OAP と △OAP′ で，

AP，AP′ は円 O の接線だから，

∠APO＝∠AP′O＝90°　……①

円 O の半径から，OP＝OP′　……②

OA は共通だから，OA＝OA　……③

①，②，③から，直角三角形の斜辺と他の1

辺が，それぞれ等しいので，

△OAP≡△OAP′

合同な図形では，対応する辺の長さはそれぞれ等しいから，

AP＝AP′

3 (1) △PAD と △PCB で，

$\overset{\frown}{AC}$ に対する円周角だから，

∠PDA＝∠PBC ……①

∠APD＝∠CPB ……②

①，②から，2 組の角が，それぞれ等しいので，△PAD∽△PCB

(2) (1)より，PA：PC＝PD：PB であるから，

$\dfrac{PA}{PC}=\dfrac{PD}{PB}$ 両辺に $\dfrac{PC}{PD}$ をかけると，

$\dfrac{PA}{PD}=\dfrac{PC}{PB}$

すなわち，PA：PD＝PC：PB

(3) 19 cm

解説

1 (3) (2)でかいた円と円 O との 2 つの交点を P，P′ とすると，AO は円 O′ の直径だから，

∠APO＝∠AP′O＝90° となり，AP，AP′ は円 O の接線であることがわかる。

3 (3) (2)より，6：PD＝5：20 PD＝24 cm

CD＝PD−PC＝24−5＝19 (cm)

---

p.51　予想問題

1 (1) ∠x＝50°　　(2) ∠x＝70°

(3) ∠x＝90°

2 △ABE と △DAE において，

∠AEB＝∠DEA ……①

仮定から，∠ABE＝∠EBC ……②

$\overset{\frown}{EC}$ に対する円周角だから，

∠DAE＝∠EBC ……③

②，③から，∠ABE＝∠DAE ……④

①，④から，2 組の角が，それぞれ等しいので，

△ABE∽△DAE

3 (1) AD∥BC より，平行線の錯角は等しいから，∠ACB＝∠DAC

1 つの円で，等しい円周角に対する弧の長さは等しいので，

$\overset{\frown}{AB}=\overset{\frown}{CD}$

---

(2) 10 cm

4 AP＝PB，AO＝OR，AQ＝QC だから，

中点連結定理より，PO∥BR，QO∥CR

∠ABR＝∠ACR＝90° だから，

∠APO＝∠AQO＝90°

よって，P，Q ともに直径を AO とする円の周上にあることがわかる。

解説

1 (2) O と P，O と P′ を結ぶ。

四角形の内角の和は 360° だから，

∠POP′＝360°−(40°＋90°＋90°)＝140°

∠x＝$\dfrac{1}{2}$∠POP′＝70°

(3) O と P を結ぶ。△AP′O≡△APO，

△CBO≡△CPO より，∠P′OP＝2∠AOP

∠BOP＝2∠COP ∠P′OP＋∠BOP＝180°

だから，2∠AOP＋2∠COP＝180°

よって，∠x＝∠AOP＋∠COP＝90°

3 (2) D と E を結ぶ。△ACQ と △EDQ で，

∠AQC＝∠EQD ……①

$\overset{\frown}{CD}$ に対する円周角だから，

∠QAC＝∠QED ……②

①，②から，2 組の角が，それぞれ等しいので，△ACQ∽△EDQ

よって，CQ：DQ＝AQ：EQ

6：5＝12：EQ EQ＝12×5÷6＝10

---

p.52〜p.53　章末予想問題

1 (1) 45°　　(2) 105°

2 (1) ∠x＝118°　　(2) ∠x＝26°

(3) ∠x＝38°　　(4) ∠x＝53°

(5) ∠x＝24°　　(6) ∠x＝25°

3 (1) ∠x＝45°，∠y＝112.5°

(2) ∠x＝40°，∠y＝30°

4 平行四辺形の向かいあう角は等しいから，

∠BAD＝∠BCD

また，折り返した角であるから，

∠BCD＝∠BPD

よって，∠BAD＝∠BPD より，4 点 A，B，D，P は同じ円周上にある。

したがって，$\overset{\frown}{AP}$ に対する円周角だから，

∠ABP＝∠ADP

5 (1) 12 cm　　(2) 12 cm

13

6 (1) △ADB と △ABE で，

∠BAD＝∠EAB ……①

AB＝AC より，

∠ABE＝∠ACB ……②

$\overparen{AB}$ に対する円周角だから，

∠ACB＝∠ADB ……③

②，③から，∠ADB＝∠ABE ……④

①，④から，2組の角が，それぞれ等し
いので，△ADB∽△ABE

(2) **6 cm**

解説

3 (1) A〜Hは円周を8等分する点だから，8
等分した1つ分の弧に対する円周角は，

$$\frac{1}{2}\times\left(\frac{1}{8}\times360°\right)=22.5°$$

よって，∠x＝2×22.5°＝45°

∠DAG＝3×22.5°＝67.5° より，

∠y＝45°＋67.5°＝112.5°

(2) △ACD に着目して，∠x＝90°－50°＝40°

∠DEB＝∠DCB＝20° より，4点 D，B，C，
E は同じ円周上にあるから，

∠BEC＝∠BDC＝90°

△DEC の内角の和から ∠y を求める。

5 (1) BP＝x cm とすると，AP＝AR＝16 cm，
BP＝BQ＝CQ＝CR＝x cm であるから，

16×2＋4x＝56 x＝6

BC＝2x＝12（cm）

(2) AP＝3a cm，BP＝2a cm とおくと，

3a×2＋2a×4＝56 14a＝56 a＝4

よって，AP＝3×4＝12（cm）

6 (2) △ADB∽△ABE より，

AD：AB＝AB：AE 4：AB＝AB：9

AB²＝36 AB＞0 より，AB＝6 cm

7章 三平方の定理

1 (1) **15 cm** (2) **12 cm** (3) **2√6 cm**

(4) **4√2 cm** (5) **15 cm** (6) **2√41 cm**

2 (1) **4√5 cm** (2) **6√2 cm**

3 **イ，ウ，エ，カ**

---

4 AB²＋BC²＝20²＋21²＝400＋441＝841

AC²＝29²＝841

だから，AB²＋BC²＝AC² が成り立つの
で，△ABC は ∠B＝90° の直角三角形で
ある。

解説

2 (1) $\sqrt{4^2+8^2}=\sqrt{80}=4\sqrt{5}$ （cm）

(2) $\sqrt{6^2+6^2}=\sqrt{72}=6\sqrt{2}$ （cm）

3 ア 4²＋8²＝80，9²＝81

イ 12²＋16²＝400，20²＝400

ウ （√3）²＋（√7）²＝10，（√10）²＝10

エ （√3）²＋1²＝4，2²＝4

オ （√10）²＋（3√3）²＝37，6²＝36

カ （3√2）²＋（3√6）²＝72，（6√2）²＝72

1 ① **2√2** ② **2√2**

③ **8** ④ **5**

2 **5 cm**

3 (1) $x^2=16-a^2$，$x^2=-a^2+10a-16$

(2) $a=\dfrac{16}{5}$ (3) $x=\dfrac{12}{5}$

4 (1) △ABC において，三平方の定理より，

AC²＝8²＋12²＝208

また，AD²＋DC²＝（6√3）²＋10²＝208

よって，AD²＋DC²＝AC² が成り立つ
から，△ADC は ∠D＝90° の直角三角
形である。

(2) **30√3＋48（cm²）**

解説

3 (1) △ABD で，$x^2+a^2=4^2$ $x^2=16-a^2$

△ACD で，$x^2+(5-a)^2=3^2$

$x^2=3^2-(5-a)^2=-a^2+10a-16$

(2) 16－a^2＝－a^2＋10a－16

10a＝32 $a=\dfrac{16}{5}$

(3) $x^2=16-\left(\dfrac{16}{5}\right)^2=\dfrac{144}{25}$ $x=\dfrac{12}{5}$

4 (2) $\dfrac{1}{2}\times6\sqrt{3}\times10+\dfrac{1}{2}\times8\times12=30\sqrt{3}+48$

1 (1) x＝5，y＝5√2 (2) x＝2√3，y＝2

2 (1) $x=4\sqrt{5}$　(2) $x=2\sqrt{10}$

3 (1) $2\sqrt{17}$　(2) $\sqrt{74}$

4 (1) $10\sqrt{2}$ cm　(2) $5\sqrt{3}$ cm

5 (1) $3\sqrt{3}$ cm　(2) $9\sqrt{3}\pi$ cm³

解説

1 (1) $5:y=1:\sqrt{2}$　$y=5\sqrt{2}$

(2) $4:x=2:\sqrt{3}$　$x=2\sqrt{3}$

$4:y=2:1$　$y=2$

2 (1) $AH=\sqrt{6^2-4^2}=\sqrt{20}=2\sqrt{5}$ (cm)

$AB=2AH$ より，$x=2\times2\sqrt{5}=4\sqrt{5}$

(2) $\angle APO=90°$ であるから，

$x=\sqrt{7^2-3^2}=\sqrt{40}=2\sqrt{10}$

3 (1) $\sqrt{\{3-(-5)\}^2+(4-2)^2}=\sqrt{8^2+2^2}$
$\qquad\qquad\qquad\qquad\qquad=\sqrt{68}=2\sqrt{17}$

(2) $\sqrt{\{3-(-2)\}^2+\{3-(-4)\}^2}=\sqrt{5^2+7^2}=\sqrt{74}$

4 (1) $\sqrt{8^2+10^2+6^2}=\sqrt{200}=10\sqrt{2}$ (cm)

(2) $\sqrt{5^2+5^2+5^2}=\sqrt{75}=5\sqrt{3}$ (cm)

または，$\sqrt{3}\times5=5\sqrt{3}$ (cm)

5 (1) $AO=\sqrt{6^2-3^2}=\sqrt{27}=3\sqrt{3}$ (cm)

(2) $\dfrac{1}{3}\times(\pi\times3^2)\times3\sqrt{3}=9\sqrt{3}\pi$ (cm³)

---

p.59 **予想問題**

1 (1) $25\sqrt{3}$ cm²　(2) $8\sqrt{5}$ cm²

(3) 50 cm²

2 (1) ① $3\sqrt{10}$　② 13

(2) ① $6\sqrt{2}$ cm　② $45°$

3 (1) $3\sqrt{14}$ cm　(2) $36\sqrt{14}$ cm³

(3) $36\sqrt{15}+36$ (cm²)

4 $2\sqrt{5}$ cm

解説

1 (1) $\angle ABH=60°$ だから，

$AH=\dfrac{\sqrt{3}}{2}\times10=5\sqrt{3}$ (cm)

$\triangle ABC=\dfrac{1}{2}\times10\times5\sqrt{3}=25\sqrt{3}$ (cm²)

参考 1辺が a の正三角形の面積は $\dfrac{\sqrt{3}}{4}a^2$

で求められる。

(2) DはBCの中点だから，BD$=4$ cm

$AD=\sqrt{6^2-4^2}=\sqrt{20}=2\sqrt{5}$ (cm)

$\triangle ABC=\dfrac{1}{2}\times8\times2\sqrt{5}=8\sqrt{5}$ (cm²)

(3) 1辺を x cm とすると，$\sqrt{2}\,x=10$ より，

$x=5\sqrt{2}$　面積は，$(5\sqrt{2}\,)^2=50$ (cm²)

2 (1) ① $\sqrt{\{2-(-1)\}^2+\{4-(-5)\}^2}$
$\qquad=\sqrt{3^2+9^2}=\sqrt{90}=3\sqrt{10}$

② $\sqrt{\{9-(-3)\}^2+(6-1)^2}$
$\qquad=\sqrt{12^2+5^2}=\sqrt{169}=13$

(2) Oから弦ABに垂線をおろし，交点をHとする。

① $AH=12\sqrt{2}\div2=6\sqrt{2}$ (cm)

$(6\sqrt{2}\,)^2+OH^2=12^2$ より，$OH=6\sqrt{2}$ cm

② $\triangle AHO$ で，

$AH:OH=6\sqrt{2}:6\sqrt{2}=1:1$

また，$\angle AHO=90°$ だから，$\triangle AHO$ は直角

二等辺三角形であり，$\angle AOH=45°$ とわか

る。

同様にして，$\angle BOH=45°$ より，

$\angle AOB=45°\times2=90°$

円周角なので，$\angle APB=\dfrac{1}{2}\times90°=45°$

3 (1) $AC=6\sqrt{2}$ cm より，

$AH=6\sqrt{2}\div2=3\sqrt{2}$ (cm)

$\triangle OAH$ で，$OH=\sqrt{12^2-(3\sqrt{2}\,)^2}=\sqrt{126}$
$\qquad\qquad\qquad\qquad\qquad=3\sqrt{14}$ (cm)

(2) $\dfrac{1}{3}\times6^2\times3\sqrt{14}=36\sqrt{14}$ (cm³)

(3) OからABに垂線OKをひくと，

$OK^2=12^2-(6\div2)^2=135$

$OK=3\sqrt{15}$ cm

$\dfrac{1}{2}\times6\times3\sqrt{15}\times4+6\times6=36\sqrt{15}+36$ (cm²)

4 $O'A=\sqrt{6^2-4^2}=\sqrt{20}=2\sqrt{5}$ (cm)

---

p.60〜p.61 **章末予想問題**

1 (1) $4\sqrt{6}$ cm²　(2) $7\sqrt{3}+15$

2 (1) 12 cm　(2) 84 cm²

3 (1) $2\sqrt{26}$

(2) $\angle A=90°$ の直角二等辺三角形

(3) 26

4 (1) $x=4\sqrt{2}$　(2) $x=\dfrac{16}{3}$

5 (1) ① $6\sqrt{6}$ cm　② $2\sqrt{34}$ cm

(2) ① 3 cm　② $9\sqrt{15}\pi$ cm³

15

③ $12\sqrt{2}$ cm

(3) $\dfrac{16\sqrt{2}}{3}\pi$ cm³

解説

2 (1) BH$=x$ cm として，AH² を 2 通りの方法で表す。

AH²$=15^2-x^2=225-x^2$

AH²$=13^2-(14-x)^2=-x^2+28x-27$

整理して，$225-x^2=-x^2+28x-27$

$\qquad\qquad 28x=252 \qquad x=9$

よって，AH$=\sqrt{15^2-9^2}=\sqrt{144}=12$ (cm)

(2) $\dfrac{1}{2}\times14\times12=84$ (cm²)

3 (1) BC$=\sqrt{\{6-(-4)\}^2+\{-2-(-4)\}^2}$

$\qquad\quad =\sqrt{104}=2\sqrt{26}$

(2) AB$=$AC$=2\sqrt{13}$ であり，

BC$=\sqrt{2}$ AB が成り立つから，△ABC は

∠A$=90°$ の直角二等辺三角形である。

(3) $\dfrac{1}{2}\times2\sqrt{13}\times2\sqrt{13}=26$

5 (2) ① 底面の円の円周の長さと，側面のおうぎ形の弧の長さは等しいから，底面の半径を r cm とすると，

$2\pi r=2\pi\times12\times\dfrac{90}{360}$

よって，$r=3$

② 円錐の高さは，$\sqrt{12^2-3^2}=\sqrt{135}=3\sqrt{15}$ (cm)

体積は，$\dfrac{1}{3}\times(\pi\times3^2)\times3\sqrt{15}=9\sqrt{15}\pi$ (cm³)

③ ひもの長さは，

右の図の PQ になるので，

PQ$=12\times\sqrt{2}$

$\qquad\quad =12\sqrt{2}$ (cm)

(3) BC$=\sqrt{6^2-2^2}=4\sqrt{2}$ (cm) だから，

体積は，$\dfrac{1}{3}\times(\pi\times2^2)\times4\sqrt{2}=\dfrac{16\sqrt{2}}{3}\pi$ (cm³)

8章　標本調査とデータの活用

p.63　予想問題

1 (1) 全数調査　　(2) 標本調査

(3) 標本調査　　(4) 標本調査

---

2 (1) ある都市の中学生全員

(2) 350　　　(3) ⑦

3 およそ 48 人

4 およそ 2400 匹

5 (1) 68.9 語　　(2) およそ 62000 語

解説

3 $320\times\dfrac{6}{40}=48$（人）

4 **ポイント** 池全体の魚の数を x 匹として，比例式をつくる。

$x:300=240:30$

$\quad 30x=300\times240$

$\qquad x=2400$

5 (1) $(64+62+68+76+59+72+75+82+62$

$+69)\div10=689\div10=68.9$（語）

(2) $68.9\times900=62010$（語）

---

p.64　章末予想問題

1 (1) 標本調査　　(2) 全数調査

(3) 全数調査　　(4) 標本調査

2 ⑦

3 およそ 350 枚

4 およそ 100 個

解説

1 (2) 空港では危険物の持ち込みを防ぐために，すべての乗客に対して，手荷物検査を実施している。

2 ⑦や⑨の方法だと，標本の性質にかたよりが出るので不適切である。

3 60 枚のチップにふくまれる緑と白のチップの枚数の合計は $16+19=35$（枚）

だから，箱の中の緑と白のチップの合計は，

およそ $600\times\dfrac{35}{60}=350$（枚）

4 黒い碁石の個数を x 個とすると，

$x:60=(40-15):15$

$\quad 15x=60\times25$

$\qquad x=100$